LE BASSIN HYDROGRAPHIQUE

DU

COUZEAU

BORDEAUX. — IMPRIMERIE DE F. DEGRÉTEAU ET Cᵉ

Rue du Pas Saint-Georges, 28.

LE BASSIN HYDROGRAPHIQUE

DE

COUZEAU

DANS SES RAPPORTS AVEC LA VALLÉE DE LA DORDOGNE

LA QUESTION DILUVIALE ET LES SILEX OUVRÉS

PAR

CH. DES MOULINS

Sous-Directeur de l'Institut des Provinces pour le S.-O.,
Inspecteur divisionnaire de la Société Française d'Archéologie,
Membre de l'Académie
et Président de la Société Linnéenne de Bordeaux,
etc., etc.

(Extrait des ACTES de la Société Linnéenne de Bordeaux, 3ᵉ série, t. XXV, 2ᵉ livrais.)

OCTOBRE 1864

BORDEAUX
CHEZ CODERC, DEGRÉTEAU ET POUJOL
(MAISON LAFARGUE)
Rue du Pas Saint-Georges, 28
1864

LE BASSIN HYDROGRAPHIQUE

DU

COUZEAU

DANS SES RAPPORTS AVEC LA VALLÉE DE LA DORDOGNE

LA QUESTION DILUVIALE ET LES SILEX OUVRÉS

Je n'ai point l'intention de donner, dans ce travail, une géologie ou une géognosie *méthodiques* du territoire qui en fait le sujet ; — une *géologie*, parce que mon cadre est trop restreint pour un si pompeux appareil, — une *géognosie*, parce que le savoir chimique et minéralogique me fait trop défaut. Je veux pourtant faire connaître, autant que je le puis, le pays que j'étudie depuis si longtemps. Je veux aussi toucher à des questions d'une haute importance, — questions dont l'une, assez récemment introduite dans la science, a été comme une proie sur laquelle se sont abattus à la fois, avec une avidité extraordinaire, les hommes d'imagination, les hommes de science et les hommes de parti. Je ne partage pas, en ce qui la concerne, toutes les idées de deux savants qui s'en sont occupés spécialement, et à qui j'ai voué une affection réelle, — l'un depuis mon enfance, et l'autre depuis la sienne. Vis-à-vis d'eux, j'appuierai mes assertions de nombreux détails dont je prie d'avance mes lecteurs d'excuser la longueur et la minutie ; elles me sont nécessaires, car je vais avoir affaire à deux hommes d'une grande habileté de discussion, et qui ne seraient nullement obligés de me faire grâce pour des omissions ou des négligences que j'aurais laissé se glisser dans mon travail.

1

Voici mon plan :

Je ferai connaître, en tant que *vallée à plusieurs étages*, la constitution géologique du terrain que traverse la Dordogne, dans l'espace parcouru par son *canal latéral* (13 kilom. à vol d'oiseau);

Je ferai connaître le bassin hydrographique de son affluent, le *Couzeau;*

Je donnerai la coupe géologique d'*ensemble* de cette petite région, et la légende développée de cette coupe;

J'indiquerai les origines des terres arables du bassin du Couzeau;

J'aborderai enfin, pour ce territoire, les questions diluviale et alluviale, et celle des silex taillés de main d'homme, que la géologie moderne s'est *annexée.*

Ces cinq études, connexes mais distinctes, feront l'objet d'autant de chapitres.

Malgré l'exiguité de la région dont j'entreprends l'étude, je ne sais pas le moyen d'être bref dans sa description. La science est arrivée à une époque où le besoin des observations multiples et détaillées se fait vivement sentir : il faut une analyse minutieuse pour fondements d'une synthèse future et indiscutable. Aussi, de toutes parts, on pousse à la confection de monographies locales, quelque restreint que soit leur cadre, — et j'ose espérer que là sera mon excuse.

N. B. — A moins d'indication contraire, toutes les *altitudes* cotées dans ce mémoire sont empruntées à la *carte de l'État-Major,* publiée depuis peu de temps seulement pour le département de la Dordogne. Lorsque je les déduis de celles qui avoisinent le lieu dont je parle et qui n'a pas de cote sur la carte, j'ajoute au chiffre le signe *approxim*[t].

Mais, malheureusement, cette belle carte ne donne que très-rarement des altitudes d'*étiage,* et le point de départ de tout mon travail de déduction et d'évaluation est par conséquent un peu arbitraire. La Dordogne, à l'embouchure du Codeau en aval de Bergerac, est cotée à 29 mètres. La ville de Lalinde est cotée à 39 mètres, desquels je retire approximativement 6 mètres pour la hauteur de la petite falaise qui la porte. La Dordogne, à Lalinde, serait donc à 33 mètres. Le cours, *presque rectiligne,* du fleuve, depuis l'embouchure du Codeau jusqu'à Lalinde, mesure à-peu-près 23 kilomètres (supposons 24 à cause des sinuosités.) Le port de Lanquais est à 18 kilomètres, distance égale aux trois-quarts du total. Je crois donc pouvoir coter à 32 mètres le fond *du lit* de la Dordogne au *port de Lanquais.*

CHAPITRE Ier

LA VALLÉE DE LA DORDOGNE

La vallée de la Dordogne, considérée du moins dans la partie de son cours qui traverse le département auquel ce fleuve a donné son nom, est une vallée *à plusieurs étages.*

J'entends ce mot dans le sens que lui a donné feu Nérée Boubée, auteur, si je ne me trompe, de cette excellente dénomination (N. Boubée, *Tableau figuratif de la structure du Globe, 1839,* à l'extrême gauche du tableau). Les *étages* sont entaillés dans l'ossature des berges, tandis qu'une vallée *à terrasses* n'offrirait celles-ci que sous forme de déblaiements opérés dans les dépôts meubles qui peuvent recouvrir l'ossature pierreuse.

Dans l'un comme dans l'autre cas, la vallée peut être *de fracture* ou *de creusement,* mais c'est toujours au cours d'eau dont les restes en occupent le thalweg, qu'elle doit les *façonnements* (1) successifs qui l'ont amenée à son état actuel.

Je ne connais aucun fait qui établisse que la vallée de la Dordogne soit originairement *de fracture,* dans la partie du moins de ce département qui fait l'objet spécial de mon travail, et les divers points de vue sous lesquels je l'ai étudiée m'ont amené à la décrire comme simplement due au *creusement,* c'est-à-dire à l'approfondissement et à l'élargissement opérés par les eaux, dans une dépression dont le dessin serait primitivement dû à une ride du dépôt crétacé. M. le vicomte d'Archiac en a jugé de même, sous une forme implicite il est vrai, mais parfaitement claire, puisqu'en parlant du relèvement des deux premiers étages de la

---

(1) Cet excellent mot, dont l'emploi doit être fréquemment utile dans le langage scientifique et technologique, a été admis, en 1862, pour la première fois, dans le *Supplément* du grand Dictionnaire de Bescherelle, et étayé d'un exemple pris dans les écrits du célèbre médecin Fodéré.

craie « sur les bords des grandes fractures que représentent les vallées
» actuelles.... » il dit que « .... les couches exploitées au niveau même
» de la Dordogne, à 1 kilomètre au-dessous de Couze » — (ce sont
précisément nos belles carrières du *port de Léna*) — se trouvent, près
de l'Osérodon en Quercy « à 80 mètres environ au-dessus de ce niveau »
(*Études sur la formation crétacée*, 1re partie, 1843, p. 10, 11, 12.)
Donc, au port de Léna, la couche exploitable est à son niveau primitif,
et rien n'a été dérangé à ce niveau normal dans les vallées latérales de la
Couze et du Couzeau, puisqu'on y retrouve la même couche exploitable
et exploitée, à un niveau un peu supérieur sans doute, mais parfaitement ordonné au plongement général des couches crétacées vers l'Ouest.

Ce plongement est constant, mais si faible que M. de Collegno, le
constatant en ma présence dans le lit actuel de la Dordogne, au port
de Léna (1er étage de M. d'Archiac), trouvait que son existence serait
suffisamment indiquée et ses droits suffisamment réservés si l'on décri-
vait les couches crayeuses comme SENSIBLEMENT *horizontales* (*sic*).
M. d'Archiac me semble aussi reconnaître cette pente comme normale,
lorsque, parlant des remarquables dénudations qu'a subies la craie du
Sud-Ouest, il dit : « Ce phénomène, par suite de l'inclinaison très-faible
» des couches et de la plus grande surface qu'elles occupaient, s'est
» particulièrement exercé sur les étages supérieurs » (*Étud. s. la form.
crétacée*, 2e part., *in Mém. Soc. géol. de Fr.*, 2e sér., t. II, p. 5 ; 1846.)
— Je crois donc n'avoir point à rechercher, dans la petite région que
j'étudie, s'il y existe quelques indices de dérangements, analogues à
ceux que ce géologue a cru remarquer sur les deux flancs de la vallée de
la Couze : il n'y a rien là qui puisse modifier réellement la constitution
orographique de notre petit pays.

Les vallées à plusieurs étages sont, comme les autres, soumises à la
loi constatée par Buffon, et en vertu de laquelle le courant se porte
toujours vers le pied du plus grand escarpement de leurs deux bords, et
s'éloigne des pentes plus ou moins doucement déclives qui constituent
le côté opposé. Il suit de là que le thalweg court constamment d'un bord
à l'autre du val, quand les escarpements sont alternants sur les deux
rives. Il s'ensuit aussi qu'un même *étage* de la vallée passe successivement d'un bord à l'autre, et que la même loi préside aux dimensions
proportionnelles des étages. Là où le bord du val est abrupt, l'étage est
étroit et parfois s'efface entièrement ; là où la pente générale du bord est
douce, l'étage s'étend en largeur.

Lorsque les reliefs orographiques qui déterminent le cours du val viennent à s'écarter beaucoup l'un de l'autre (à 4 kilomètres et plus, par exemple), l'action de cette loi s'affaiblit et s'efface enfin : le régime de la plaine remplace alors celui de la montagne.

L'exactitude de ces notions générales est pleinement confirmée par l'observation de ce qui se passe dans la partie de la vallée de la Dordogne qui a fait le sujet de mon étude : on s'en convaincra par les résultats que je vais exposer pour une longueur de 26 kilomètr. E.-O., de Mauzac à Bergerac (à vol d'oiseau.) Dans ce trajet (chose rare pour la Dordogne) le cours de la rivière est à peu près rectiligne; mais tout près de Mauzac d'où part le canal latéral, on voit cesser les sinuosités profondes et multipliées que commandait la région montagneuse où le fleuve coule depuis son entrée dans le département.

Le lit *actuel* de la Dordogne, dans les dimensions de largeur et de profondeur que nous le voyons aujourd'hui remplir pendant les fortes eaux, répond à la période quaternaire, dans laquelle nous vivons; et ce lit est le troisième de ceux que s'est creusés successivement l'énorme masse liquide qui s'est peu à peu amoindrie pendant les diverses époques géologiques qui ont suivi le dépôt de la craie, et s'est finalement réduite à ce mince vestige des courants anciens, — vestige que nous appelons encore et avec raison l'une des principales et des plus belles rivières de la France.

Le *diluvium* — et j'entends par là celui *des géologues* de l'école de Cuvier et de M. Élie de Beaumont, antérieur par conséquent à l'apparition de l'homme, antérieur aussi, paraît-il maintenant, à la disparition définitive des grands mammifères que nous avions toujours cru éteints par l'action même de ce cataclysme, — le *diluvium*, dis-je, est un dépôt de cailloux et de sables provenant des formations anciennes et secondaires, et où domine l'élément quartzeux, dépôt qui a clos la période tertiaire ou inauguré la quaternaire (état actuel de la terre (1).) Il est par conséquent postérieur à tous les creusements successifs qui ont eu lieu pendant les époques *géologiques* proprement dites, — antérieur seulement à ceux qui, sur une échelle comparativement bien

---

(1) La position normale de ce qui subsiste, en place, du dépôt *diluvien*, est parfaitement indiquée par M. le vicomte d'Archiac dans la 1re partie de ses *Études sur la formation crétacée* (1843), 2ᵉ planche (pl. XII.), fig. 4, coupe de Gourdon à Grolejac, sous les mots *cailloux roulés*, à droite de la figure.

minime, ont eu lieu à diverses périodes de l'époque *actuelle*, et dont celui que son propre écoulement a opéré est le premier.

Je vais énoncer, aussi sommairement que possible, les traits principaux de la série des faits *géogéniques* du *pays* que nous allons étudier, tels qu'ils ressortent des faits aujourd'hui *subsistants* qui déterminent son relief orographique actuel. Les preuves seront exposées par les détails de notre étude.

Avant le dépôt des terrains tertiaires, et sauf les reliefs abruptes produits par de grands *soulèvements*, les parties émergées de la croûte terrestre offraient des ondulations plus ou moins marquées ; mais, en somme, des surfaces peu énergiquement accidentées.

Sauf une étroite lisière appuyée aux pentes du plateau central et au département de la Corrèze, le département actuel de la Dordogne *n'existait pas*, comme surface continentale, lorsque commença l'époque crétacée.

Période de croissance *ou de formation.*

La masse énorme de terrains crétacés qui constitue l'ossature du Périgord, est déposée dans la profondeur (à nous inconnue) des abîmes d'un golfe *jurassique* dont les bords sont en Saintonge, en Angoumois, sur la lisière du Limousin, en Quercy, et se perdent enfin sous les dépôts plus récents qui, au nord des Pyrénées, relient l'Océan tertiaire à la Méditerranée tertiaire.

I. La mer crétacée a terminé son rôle, et en se retirant dans le bassin océanique, elle exonde la craie après l'avoir creusée de sillons larges et peu profonds, et aussi après l'avoir complètement dénudée.

Ces sillons larges et peu profonds, rigoles d'écoulement de la mer crétacée, sont l'origine, au moins secondaire, de toutes nos vallées ; on en retrouve des vestiges dans les hauts vallons de nos massifs montagneux et dans les pentes supérieures de la grande vallée de la Dordogne ; c'est le *premier lit* de ce fleuve (1).

---

(1) D'après **M. Élie de Beaumont**, le soulèvement des Pyrénées a eu lieu à la fin de l'époque crétacée ; il coïnciderait donc avec la fin du creusement du premier lit de nos grandes vallées, et aurait pour première suite la dénudation de leur craie. La dénudation de la craie a été suivie à son tour (sans interposition d'aucun autre dépôt) par le dépôt de la molasse qui, trouvant des noyaux siliceux épars à la surface de la craie, les a repris et englobés parmi ses propres matériaux. Ce dernier fait sera étudié plus loin (*Silex de la craie à Faujasia*).

La profondeur de ce 1er lit doit être estimée à partir des sommets ou plateaux à diluvium jusqu'au bord supérieur de la berge ou falaise qui les sépare du 2e lit. On obtient cette estimation, 1° en prenant la moyenne de ces altitudes culminantes qui bordent la vallée. C'est ainsi qu'opérant sur 15 cotes de 113 à 203^m, prises entre l'embouchure de la Vézère et l'expansion du val de la Dordogne en aval de Creysse, j'ai trouvé pour moyenne. . . . . 136^m

2° En soustrayant de cette moyenne :

l'altitude du lit actuel du fleuve. . . . . 32^m ⎫
l'épaisseur moyenne de la falaise du 3e lit. . . . . 12 ⎬ 53
  idem,   idem,   idem du 2e lit.. . . . . 9 ⎭

la profondeur du 1er lit demeure évaluée à. . . . . 83^m

Le fond du 1er lit est une sorte de plaine ordinairement très-ondulée et fortement déclive vers le thalweg de la vallée. Cette plaine est parfois très-étroite, mais ce cas est rare (en amont de Couze, rive gauche). Le plus souvent, sa largeur varie de 100 à 600 mètres; et, depuis Couze jusqu'au débouché de la vallée dans le bassin de Bergerac, elle offre presque partout une surface unie, formée de bonnes terres arables argilo-sableuses, tantôt légères (*boulbènes*), tantôt beaucoup plus fortes et plus colorées (surtout aux approches de la berge du 1er lit), à cause de la prédominance de l'argile et des débris calcaires. Dans ce cas, et si la molasse ne s'y montre pas à nu, ces terres se mêlent aux cailloux éboulés du diluvium, et l'on peut, en somme, considérer comme *essentiellement diluvial* le sol de ce 1er lit.

Il arrive parfois, lorsque la plaine du 1er lit est très-large, et que la culture n'a pas trop modifié les profils de sa berge (pentes nord des côteaux qui dominent Lanquais à l'E. et à l'O., au *Pech-Nadal* et *chez Jean Jogne*), que cette berge est coupée en deux par un diminutif de falaise ou par un mouvement brusque du terrain, qui semble enrichir la vallée d'un vestige *d'étage* de plus; mais il est plus sage de regarder cet accident comme purement local.

II. Plus tard, les *eaux* tertiaires envahissent la craie exondée et nue. *Marines,* après y avoir déposé les *sables de Royan* et le *calcaire grossier du Médoc,* elles y déposent encore le *calcaire de Bourg,* tandis que, *douces,* elles exhaussent le sol crayeux du Périgord, en étendant sur lui l'épais manteau de *molasse lacustre* à laquelle le Fronsadais a donné son nom et que, dans le département actuel de la Dordogne, aucun dépôt marin régulier ne devra plus recouvrir (1).

Sur le bord méridional du bassin hydrographique de la Dordogne, les formations d'eau douce du bassin de la Garonne (*meulières, calcaire blanc du Périgord, molasses et calcaires gris de l'Agenais*), viennent successivement recouvrir la molasse éocène et se recouvrir entre elles; mais je n'ai point à m'en occuper ici, puisque ces dépôts n'ont pas influencé directement la division *en étages* de la vallée au fond de laquelle coule la Dordogne actuelle.

Période de DÉCROISSANCE *ou de façonnement.*

III. Plus tard encore, les eaux molassiques s'écoulent en ravinant leurs propres dépôts, et pendant le reste de la période tertiaire, le cours d'eau dont la Dordogne est le reste, devenu insuffisant pour battre les deux rives du *premier lit,* se réduit à une largeur beaucoup moindre et se creuse, en entamant la craie, une rigole d'écoulement, immense encore et dont une falaise crayeuse, coupée à pic, épaisse parfois de 15^m, mais dont la moyenne peut être évaluée à 9 mètres, mesure la profondeur. C'est le *second lit,* où désormais il ne subsistera plus un atome de molasse *en place;* celle-ci est emportée PARTOUT *au-dessous du niveau supérieur* de ce second lit, ou, ce qui revient au même, de la falaise qui le borde (2).

La plaine qui forme le 2e lit, depuis Creysse en remontant jusqu'aux abords de Couze, a une largeur moyenne de 1,000 à 1,500 mètres. Sa largeur est très-grande sur la rive gauche, et réduite presque à rien sur la rive droite. Vers Couze, l'étage élargi saute sur la rive droite et, par suite, la rive gauche se réduit subitement à un *très-petit nombre de mètres* de largeur jusqu'à Saint-Front-de-Coulory, où le 1er et le 2e lit cessent à la fois d'exister, car la pente nord du côteau de Saint-Front

---

(1) Raulin, *Nouvel Essai de classification des terrains tertiaires de l'Aquitaine,* 1848 (tableau des 10 *assises*).

(2) Pour ne pas interrompre cette exposition des faits actuellement subsistants et qui me paraissent résulter indubitablement de ceux qui les ont précédés, je m'abstiens d'introduire ici la discussion d'une objection dont on trouvera le développement à la fin du présent chapitre (page 15).

(90^m) descend presque *à pic* et sans ressauts dans la rivière, d'une hauteur qui varie, sur cette portion du rideau, de 56 à 60 mètres (1).

La craie qui forme le fond du 2e lit est complètement dénudée à son tour; les formations tertiaires, solides et régulières, ont pris fin : l'époque quaternaire va bientôt commencer.

IV. Vient alors le *diluvium* (des géologues), qui sépare l'époque tertiaire de la suivante, et recouvre le pays tout entier d'une nappe de cailloux tous *roulés*, tous *quartzeux*, et de sables et terres de même nature. Ces cailloux, sables et terres ne peuvent s'arrêter *dans le second lit*; ils ne peuvent se déposer, à mesure que les eaux s'y retirent, que sur les sommets, les plateaux et les parties du 1er lit qu'a respectées le creusement du 2e, et là nous les voyons encore : ils disparaissent totalement *en contre-bas du même niveau que la molasse* : ils ont été entraînés vers l'Océan.

V. L'époque quaternaire (actuelle) est commencée : notre vallée a déjà *deux* étages bien marqués, et le fond de son second lit est formé de craie absolument dénudée.

Un nouveau cataclysme survient; c'est celui auquel appartient le nom géologique d'*alluvion ancienne*. Les volcans d'Auvergne ont surgi et ont commencé déjà à se démanteler depuis le dépôt du *diluvium* des géologues, *qui n'en avait charrié aucun débris*. Aussi cette alluvion ancienne dépose-t-elle dans son lit (2e étage de la vallée) des sables formant des terrains à seigle et parfois à blé très-légers, des cailloux tous roulés ou aplatis (*galets* des rivières actuelles) de toutes les époques et de toutes les formations antérieures, y compris des roches éruptives (granites, gneiss, trapps, trachytes, basaltes à péridot, etc.), mais je répète qu'on n'y trouve pas de *laves*. Il existe à Varennes, faisant l'office de chasse-roues d'un portail (maison Ricaud) deux blocs magnifiques de basalte noir, roulés, et d'un poli parfait. L'un d'eux a plus de 60 centimètres de haut, et certes le propriétaire n'est pas allé les chercher en Auvergne : ils doivent provenir des vastes champs du 2e lit, en contre-bas du village, lequel est situé dans le 1er lit (53^m approxim^t).

VI. La force intrinsèque d'un courant s'accroît à mesure qu'il perd

---

(1) Le deuxième rang de côteaux est bien plus élevé que Saint-Front (120 mètres à la *Côte-Périe*), qui est tout près au sud-ouest de Saint-Front, et M. d'Archiac (*Étud. form. crét.* 1re part., p. 96), porte à 80 mètres la saillie des berges sur le fond de la vallée de Couze.

en largeur et que sa profondeur augmente, parce que sa pente croît avec la profondeur.

La rigole d'écoulement de l'*alluvion ancienne* se creuse peu à peu dans le vif de la craie et forme le *troisième lit* du fleuve, le lit que ses eaux remplissent encore aujourd'hui et où les matières que déposait cette alluvion ancienne n'ont jamais pu séjourner : elles remplissent le fond du 2ᵉ lit, sur une épaisseur qui dépasse parfois dix mètres ; mais leur extension est limitée par la coupure que forme la falaise crayeuse qui sert d'encaissement au 3ᵉ lit. La vallée actuelle de la Dordogne a donc *trois étages*.

Le 2ᵉ lit est séparé du 3ᵉ par une falaise abrupte de 10 à 15 mètres de haut (12 mètres en moyenne), souvent en surplomb. Depuis le Haut-Pays jusqu'au *Saut de la Gratusse*, cette falaise est formée par la craie du 2ᵉ étage de M. d'Archiac ; du Saut de la Gratusse à *Creysse*, par la craie de son 1ᵉʳ étage ; de Creysse à Castillon-sur-Dordogne (Gironde), elle est au contraire tertiaire, argileuse.

VII. Mais la continuité des mêmes causes engendre inévitablement la continuation d'effets semblables, ou, si ces causes sont diminuées dans leur puissance, des effets du moins analogues ; et c'est ainsi que le creusement d'un *quatrième lit* est déjà commencé au fond et sous les eaux du 3ᵉ étage. Il ne se montre que sur quelques points (*rapides* de la *Gratusse* et du *Pescairou*) ; mais, dans les basses eaux, quand la Dordogne ne peut plus même couvrir le fond de ce 3ᵉ lit, tout ce qu'elle conserve d'eau coule avec furie dans ces rigoles étroites, dans ces fentes à pic et tellement resserrées qu'un sauteur hardi et bien lancé pourrait, assure-t-on, les franchir d'un bond, et que la violence du courant, assure-t-on encore, emporte tous les plombs de sonde. Les bateaux plats du pays y passent, faute de mieux et non sans un danger réel, qu'on a efficacement conjuré en établissant le *canal latéral*.

L'observation du creusement de ce 4ᵉ lit n'est pas sans avoir une conséquence importante dans l'histoire géologique du pays. Elle montre que, *pendant* qu'un cours d'eau remplit encore la capacité de son lit et y fonctionne avec toute sa puissance, il s'emploie déjà à préparer le lit plus étroit qui le remplacera quand il aura diminué de volume ; et il en résulte que les creusements successifs dont je viens d'exposer la série ont été commencés, *chacun*, par les eaux de l'étage qui l'a précédé, et si l'on veut me permettre cette expression peut-être trop familière, *du vivant de son prédécesseur* ; cette réflexion aide à comprendre l'énorme puissance d'action qui a opéré ces déblaiements successifs. Ce 4ᵉ lit, du reste, n'a qu'une réalité théorique et pour ainsi dire virtuelle : il ne saurait assurer à la vallée de la Dordogne la qualité de vallée *à quatre étages*.

Avant de passer à la description particulière du bassin hydrographique qui fait l'objet spécial de mon travail, je vais tâcher de résoudre une difficulté qui pourrait s'élever sur la manière dont j'entends la double action des eaux tertiaires dans la vallée de la Dordogne et dans le bassin lacustre du versant garonnais, où nous voyons aujourd'hui les meulières et le calcaire d'eau douce blanc du Périgord. — J'ai annoncé cette petite discussion incidente dans la note infrapaginale nº 2 de l'article III du présent chapitre (p. 12). La voici :

On pourra faire une objection à la théorie que j'ai exposée pour le creusement du 2ᵉ lit. On dira : Comment expliquer les altitudes du bassin de calcaire d'eau douce blanc, altitudes qui dépassent souvent celles des bords du bassin crayeux *dans lequel celui-ci a dû se déposer ?* Comment concilier l'existence du lac calcarifère qui s'étend vers Agen, avec l'existence, dans la vallée actuelle de la Dordogne, d'un cours d'eau qui aurait continué le creusement de cette vallée, et qui devait se trouver *sous la même nappe d'eau* que le lac, puisqu'il n'y a pas de crête crayeuse *culminante* qui puisse former *point de partage* entre ce lac et la vallée de la Dordogne ?

Je répondrai, en premier lieu, que le *pays blanc* et peu boisé qui, sur une longueur de 18 kilomètres, s'étend de Rampieux à Saint-Aubin de Lanquais, dans la direction du S.-E. au N.-O. et sous la forme d'une bande ou plutôt d'une ellipse fort allongée, large à peu près de 8 kilomètres (N.E.-S.O. de Monsac à Boisse ; N.E.-S.O. de Verdon à Saint-Sernin, N.-S.S.O. de Beaumont à Sainte-Sabine), constitue une véritable *croupe* qui n'est *traversée* par aucun cours d'eau, mais seulement *entamée* au N.-E. et au S.-O. par des sources de cours d'eau qui se rendent, les premiers dans la Dordogne, les autres dans la Garonne. Cette croupe est donc un point de partage des eaux, et on trouve à son extrémité S.-S.O. ce qu'on appelle d'habitude le *bassin* gypseux de Sainte-Sabine, nom peu heureusement choisi (bien qu'il faille *descendre* pour arriver à ce *bassin* en venant de Rampieux et de Gleysedal, comme l'a fait M. Gosselet), car l'inspection de la carte (celle de Cassini par exemple) montre que ce prétendu *bassin* est un *massif* tout autour duquel apparaissent huit ou dix petits ruisselets affluents du Drot et de la Couze.

Ces considérations orographiques, combinées avec le fait de la *sulfatisation* de la chaux dans cette localité privilégiée qu'on nomme Sainte-Sabine, ne permettraient-elles pas de supposer qu'une sorte de *soufflure d'origine ignée* a pu donner naissance à la longue croupe qui s'étend de Rampieux et Sainte-Sabine à Saint-Aubin ? Cette soufflure pourrait s'être produite depuis le dépôt du lac calcarifère, — pourrait avoir donné lieu à ces différences de niveau si fréquentes qu'on rencontre entre les couches du calcaire d'eau douce blanc, — pourrait avoir fait surgir ces *îles* ou buttes calcaires blanches du fond noirâtre des dépôts du lac, — et en définitive, pourrait avoir élevé le calcaire blanc à l'altitude qu'il occupe sur plusieurs points, *au-dessus du niveau* du point de partage *crayeux* qui avait suffi à séparer le bassin *du lac* de *la vallée* proprement dite de la Dordogne.

Cette explication hypothétique ne me paraît pas *déraisonnable ;* mais elle est née, je l'avoue, du travail de cabinet, et je ne suis pas en mesure d'en aller constater, sur les lieux, la probabilité ou l'improbabilité réelles. J'aime donc mieux, tout en la soumettant à l'examen des géologues, la tenir pour ce qu'elle est en effet, — pour une pure hypothèse, — et la laisser de côté pour proposer une seconde explication, basée cette fois sur les faits généralement admis, et sur les altitudes régulièrement constatées. Voici cette seconde explication :

Au dépôt immense de la craie a succédé celui de la molasse éocène, — formation moins puissante sans doute en épaisseur, mais bien puissante, cependant, au point de vue de son étendue. Partout, ou presque partout, elle a recouvert, comme d'un manteau, non-seulement le 1er étage de la craie de M. d'Archiac, mais encore une bonne partie du 2e étage. On peut donc considérer, en gros, les terrains jurassiques qui, aux abords du plateau central, forment *les bords du bassin crétacé,* comme ayant aussi, plus tard, formé ceux du bassin *molassique.*

Or, si je ne me trompe — et abstraction faite des accumulations qui se sont produites dans les dépressions de la craie — on accorde au dépôt *de la molasse* une puissance de 80 mètres environ.

J'ai relevé sur la carte de l'État-major, et pour les besoins de ma description du bassin du Couzeau — de la partie de la vallée de la Dordogne dont j'avais à parler dans ce Mémoire, — de la bordure du bassin d'eau douce (y compris la grande croupe de Rampieux à Saint-Aubin) — et enfin pour le plateau molassique de la Bessède, — j'ai relevé, dis-je, 104 cotes d'altitudes supérieures à 110 mètres, dont 53 pour la craie et 51 pour le calcaire d'eau douce. Ce grand nombre de cotes me semble une garantie contre les erreurs d'*attribution* que je pourrais avoir commises, puisque je n'ai pas *vu* toutes les localités (1).

La *somme* des 53 altitudes de la craie est. 9,131ᵐ

La *somme* des 51 altitudes du calcaire est. 7,603

La *moyenne* des 53 altitudes de la craie est, en nombre ronds 172

J'en retranche une moyenne de *dix* mètres (et, certes, c'est caver au plus fort) pour ce qui reste de la molasse sur les sommités et plateaux crayeux. 10

Reste (au plus bas), pour la craie nue. 162

La *moyenne* des 51 altitudes du calcaire d'eau douce est de 149

Reste, à l'avantage de la moyenne crayeuse. . . . 13ᵐ

ce qui suffit déjà pour obtenir, *en masse idéale*, un rebord bien suffisamment saillant pour contenir le bassin d'eau douce.

Mais tout ceci n'est que de la théorie; il me faut prouver mon dire, non contre *la moyenne* d'altitude de la masse, mais contre *la plus élevée* des altitudes *réelles*; c'est celle du moulin de Bouchoux à Rampieux, 235ᵐ (2).

C'est ici que j'appelle à mon secours l'épaisseur généralement admise pour la molasse. 80ᵐ

et je l'ajoute à la *moyenne* de la craie nue. 162

J'obtiens. 242ᵐ

c'est-à-dire, *sept* mètres de plus que le maximum trouvé à Rampieux.

Mais, dira-t-on, M. Raulin a coté Rampieux à 253 mètres. — Oui, mais ses altitudes, prises au baromètre, ne peuvent pas être constamment exactes comme les mensurations trigonométriques; et d'ailleurs la preuve est là, donnée par toutes les altitudes environnantes, dans un pays où il n'y a pas de *pics*, et l'État-Major cote à 196 mètres le village de Rampieux, que M. Raulin n'a pas coté : il suffit d'avoir traversé le pays pour être assuré qu'il n'y a pas 57 mètres de différence de niveau entre le village et le moulin à vent.

---

(1) Bien entendu, je n'ai compté dans ces 104 altitudes aucune de celles qui forment les points culminants des routes de Bergerac à Mussidan et de Bergerac à Périgueux. Tout cela est trop loin du *val* de la Dordogne.

(2) Parmi les 51 altitudes du bassin d'eau douce, *six* seulement dépassent 200ᵐ, et, abstraction faite de Rampieux, aucune des cinq autres ne dépasse 214ᵐ : Rampieux est *tout-à-fait exceptionnel*.

L'altitude de 235 mètres pour le moulin de Bouchoux, déjà culminante et même *hors ligne* pour le pays, est donc, pour moi, la véritable.

Cela étant, toutes les conséquences se déroulent sans peine. Il n'y a pas d'*hiatus*, de changement de régime brusquement accentué entre le dépôt molassique et celui du calcaire d'eau douce.

La molasse se dépose sous des eaux dont le bord s'appuie aux abords du plateau central. Dans ces eaux *molassiques*, et par une cause que nous ne connaissons pas, il se fait une irruption d'eaux calcarifères. Une sorte de lutte semble s'établir entre les deux éléments *siliceux et calcaire :* il en résulte parfois un mélange intime (calcaire siliceux) parfois un *départ* (calcaire *marneux* d'une part, *meulières* de l'autre); — en somme, différences *locales*, mélange *quant à l'ensemble* de la masse.

Le niveau des eaux commence à diminuer ; les parties les plus saillantes deviennent émergées ; dès-lors, des courants s'établissent, et à mesure qu'ils prennent plus de profondeur et partant plus de force, ils commencent à démanteler ces parties saillantes. Supposez seulement exondées les plus fortes altitudes (celles qui dépassent 200 mètres), et vous jugerez de l'action des courants qui les séparent et qui portent leur action désagrégeante, ici sur les calcaires marneux, là sur les argiles qui enveloppent les meulières, là enfin sur cette masse gigantesque d'éléments *meubles* (sables et argiles) qui constituent la molasse elle-même.

Il n'est pas besoin qu'un pareil régime dure bien longtemps pour que le cours d'eau qui descend nécessairement du plateau central, — cours d'eau que la masse de celui-ci, d'accord avec sa pente propre, lance vers les régions océaniques, — pour que ce courant, dis-je, laboure avec plus de vigueur la molasse accumulée dans la dépression préexistante qui constitue la vallée de la Dordogne ; et dès-lors, bien avant que le fond du lac calcarifère du *pays blanc* soit totalement exondé, la ligne de faîte qui le sépare de la vallée de la Dordogne aura eu le temps de s'exonder elle-même, *tout en restant dominée* par les sommités de calcaire d'eau douce que l'écoulement des courants ambiants aura respectées.

CHAPITRE II

LE BASSIN HYDROGRAPHIQUE DU COUZEAU

De même que la plupart des petits cours d'eau qui s'épanchent dans le lit actuel de la Dordogne, le ruisseau qui parcourt le vallon de Lanquais n'a pas de nom sur les cartes de Cassini, de Belleyme et de l'État-major : c'est dans la tradition locale ou dans les vieux papiers terriers qu'il faut aller chercher ce nom, — le COUZEAU.

Distant de 1 $^1/_2$ à 2 kilomètres, à vol d'oiseau, de la Couze, et bien moins volumineux que cette très-petite mais très-jolie rivière, le Couzeau est, hydrographiquement parlant, de même rang qu'elle. Il est *affluent direct* de la Dordogne, et le tribut des eaux que quelques vallons latéraux lui apportent, en fait le centre *titulaire* d'un véritable bassin hydrographique. Son cours, comme celui de la Couze, n'est jamais tari, même par les sécheresses les plus longues, et comme elle aussi, il ne gèle jamais, même quand la Garonne et la Dordogne sont prises, ainsi qu'il advint dans le grand hiver de 1829-1830.

Son cours, très-peu sinueux, est, à vol d'oiseau, de près de 12 kilomètres du S. au N., et dans ce trajet il fait tourner huit moulins à farine, auxquels on peut ajouter une petite usine située au bord du ruisseau dans la commune de Varennes. Le nom de *pièce du Martinet* a seul conservé, à l'extérieur, le souvenir de cette usine depuis très-longtemps détruite ; on en a trouvé les fondations cachées sous la terre arable et renfermant les vestiges certains de la fabrication de *liards* du règne de Louis XIII. On a parfois recueilli des poignées de ces liards dans des *gourgues* (trous, gouffres, *gurges* en latin) du lit actuel de la Dordogne, ou bien épars dans les terres.

A deux ou trois cents mètres plus loin, le ruisseau aboutit à angle droit dans la Dordogne, par une cascade qui se précipite (sans s'en détacher) le long des parois peu à peu dégradées, mais originairement hautes de 10 à 12 mètres, de la falaise crayeuse qui encaisse à pic le lit actuel du fleuve et le sépare du 2ᵉ. Sur un versant de cette brèche est assise, suspendue pour ainsi dire entre la terre et l'eau, la très-solide construction du moulin du *Port de Lanquais* (Cassini, Belleyme, État-major).

La petite plaine qui forme le fond du vallon de Lanquais (ou, plus correctement, du vallon du Couzeau) est d'une largeur moyenne de 250 à 500 mètres.

Je fixe *approximativement* à 50 mètres l'altitude du bourg de Lanquais (seuil de la porte de l'église, parce qu'il est à peu près à la même hauteur que la plaine qui forme le fond du 1ᵉʳ lit de la Dordogne). Or, d'après la carte de l'État-major, le chemin de Laussine au Brel (commune de Varennes) chemine sur cette plaine et est coté à 50 mètres. J'estime que le château de Lanquais peut être coté à 10 mètres plus haut, soit 60 mètres.

Ce vallon offre, en petit, la reproduction exacte des formes de la vallée de la Dordogne (1ᵉʳ et 2ᵉ lits), car il a, lui aussi, ses petites falaises crayeuses, de plus en plus souvent conservées à mesure qu'on remonte son cours. A la *Font-de-Loyou*, ou *Roc de Rabier* et dans le vallon de *Font-Grand* sur la rive droite, aux abords de *Combe-Malesse*, et plus loin en allant vers *la Genèbre* sur la rive gauche, ces falaises, à pic ou en surplomb, creusées de rudiments de cavernes et surmontées invariablement de minces feuillets de craie en retrait (que les carriers appellent *lèves*), offrent une coupure verticale qui varie de 5 à 8 mètres. Dans le bas du vallon, ces falaises sont beaucoup plus rares, parce qu'elles s'enfoncent graduellement sous l'alluvion argileuse qu'a formée le lit primitif du Couzeau. Je n'en vois qu'une seule qui, sur la rive gauche, soit restée digne de ce nom entre le bourg de Lanquais et le débouché du vallon dans la plaine du 2ᵉ lit du fleuve : c'est celle qui supporte le joli petit château de La Roque (XVIᵉ siècle).

A 5 ou 600 mètres en amont de la cascade du port de Lanquais, le vallon du Couzeau, qui s'est graduellement élargi depuis son origine, cesse complètement d'exister puisqu'il se confond avec la plaine où il s'est creusé un canal réduit actuellement à une très-faible dimension. Mais il n'en a pas toujours été ainsi : cessant d'être contenu par les berges de son ancien encaissement, il s'est étendu dans la plaine du 2ᵉ lit en dépassant même un peu les limites de cet encaissement, il a fait pour son usage une percée dans le terrain meuble de la vallée, auquel il a substitué sa propre alluvion sur une largeur qui peut aller à 500 mètres, en y laissant un dépôt de terre végétale argileuse, tenace, noire (*terrefort*) qui tranche visiblement et à angle droit sur l'*alluvion ancienne* (sablonneuse) dont le 2ᵉ lit du fleuve est tapissé. Le lit argileux du Couzeau y forme donc une dépression assez sensible et où la terre est excellente à tel point que le blé y verse souvent; ce lit actuel, faible ruisseau hors ses heures passagères de débordement, serpente le long du flanc ouest de son cours ancien : il n'est plus rien sans doute, mais il a eu son importance, et même une importance notable, car il vient du *pays blanc,* de ce vaste plateau de calcaire d'eau douce, supérieur à la molasse, dont la petite ville d'Issigeac est l'une des capitales, et dont les pentes se prolongent à travers l'Agenais jusqu'à la Garonne. En moyenne, j'évalue à 100 mètres au-dessus de l'embouchure du Couzeau dans le fond du 3ᵉ lit de la Dordogne, la bordure régulière de ce plateau qui court de l'E. à l'O. et forme la limite méridionale du bassin hydrographique spécial du Couzeau. Sa limite orientale est la crête de partage des eaux de la chaîne de côteaux, large de 2,000 à 2,500 mètres et haute approximativement de 130 mètres (moyenne de 7 cotes) qui sépare, dans la partie inférieure de leur étendue, la vallée du Couzeau de celle de la Couze. Sa limite occidentale, moins haute en moyenne, mais qui atteint 130 mètres (approximativement) à la *Peyrugne* (*Perruque* de Cassini) s'abaisse assez promptement dans la direction de l'O. où le dépôt molassique est très-puissant, jusqu'à ce qu'elle rencontre, à l'entrée de la plaine de Bergerac, le calcaire d'eau douce qui y est descendu des hauteurs du plateau d'Issigeac, et dont elle a longé le bord septentrional depuis qu'elle s'est éloignée du vallon de Lanquais.

On voit déjà, par cette esquisse très-sommaire, que le bassin hydrographique spécial du Couzeau n'est pas tout-à-fait à dédaigner. Le Couzeau, qui sort de la tranche du calcaire d'eau douce à l'est de Monsac et de Faux (153ᵐ), et au S.-S.-E. de la Micalie (121ᵐ), a près de 12 kilom. de cours, en ligne presque directe, depuis sa source la plus reculée au Grand-Ayral, près et au N. de Bardou (175ᵐ) (1) dans le *pays blanc ;* et

---

(1) *Bardon* de la carte de Cassini, *Laydou* de celle de Belleyme. — En évaluant à 160 mètres (fontaine au pied de la butte de Bardou [175ᵐ]) l'altitude de sa source la plus élevée, le cours du Couzeau aurait à descendre 118 mètres, pendant un trajet de plus de 11 kilomètres, pour arriver au point de départ de sa cascade dans la Dordogne, ce qui, en nombres ronds, lui attribue une pente de un centimètre par mètre.

sans compter les nombreux ravins qui lui portent le tribut des eaux du
versant nord de ce pays et celui de ses autres pentes plus ou moins éloi-
gnées, il reçoit celui de sept vallons principaux et de leurs petits affluents
dont il faut tenir compte approximatif (en partant de son embouchure),
savoir :

Sur la rive gauche :

Vallon de Monsagou aux Mazades.	2,200ᵐ
— des Berris (où les eaux du haut de la Forêt de Lanquais se perdent, sans doute pour re-paraître plus bas, dans une sorte d'entonnoir boueux qu'on nomme le *Cul-de-Sac*. . . .	1,800
— de Faux, divisé en deux ou trois branches. .	3,000
— du Bourdil et de la Micalie (les *Grises* de Cassini) divisé en 3 ou 4 branches courtes.	2,000

Sur la rive droite :

Vallon des Oliviers, avec 2 branches principales. . . .	5,600
— du Bourut (178ᵐ), avec plus. branches courtes.	2,800
— de Monsac, *id.* *id.*	3,000
	20,400ᵐ
lesquels ajoutés à la longueur du cours principal, ci. .	12,000
	32,400ᵐ

donnent au Couzeau une somme totale de *thalwegs* (presque tous à débit continu en hiver du moins) approximativement égale à. 32,400ᵐ

Il n'est donc nullement surprenant qu'accru, en sus de tout cela,
d'une vingtaine de ravins qui ne donnent rien du tout quand il fait beau,
mais qui deviennent des torrents quand il pleut, le Couzeau ait pu successivement creuser et combler jusqu'au niveau de la plaine du 2ᵉ lit de
la Dordogne un vallon des dimensions que les renseignements ci-dessus
font supposer. Il y a donc eu un temps où, avant d'avoir *rongé* jusqu'au
niveau du 2ᵉ lit de la Dordogne, la berge ou falaise crayeuse de celui-ci,
il a coulé à 10 mètres plus haut que son cours actuel et a ainsi balayé, à
mesure qu'il les creusait, les bancs de craie qui forment aujourd'hui à
Varennes et à Laussine (à l'E. et à l'O.), les *coins de rue* de sa jonction
avec la vallée de la Dordogne. Son cours était alors établi sur et à travers le premier lit de ce fleuve : donc, le vallon du Couzeau est lui aussi
une vallée à plusieurs étages (à *deux* seulement, avec le rudiment d'un
troisième, formé par le lit actuel du ruisseau).

Bien que le vallon de Lanquais tout entier soit creusé dans la craie vive, le Couzeau ne charrie qu'une assez faible quantité des matériaux que fournit cette formation : son charriage en ce genre se réduit à ce que les égoûts de ses pentes crayeuses lui apportent directement dans les deux tiers inférieurs de son cours. Ses sources principales (Monsac, Bardou, La Micalie et Faux) sont dans le *pays blanc,* comme en fait foi la terre végétale, argileuse-calcaire et noire, mêlée de grains nombreux de calcaire blanc, qui constitue ses limons. Ces deux origines différentes se distinguent parfaitement lors des orages et des crues d'eaux qui les suivent : si c'est des vallons ou ravins crayeux de la rive droite que viennent ces crues, leurs eaux sont *jaunes* (craie) ou *rouges* (argiles ferrifères de la molasse et du diluvium); si au contraire elles nous arrivent de Monsac ou des autres sources de la rive gauche, les eaux sont *blanches.* Aussi, plus on remonte le cours du Couzeau, plus on y trouve de cailloux de calcaire d'eau douce; tandis qu'*on n'en trouve pas un seul* dans l'*alluvion ancienne* de la vallée de la Dordogne, où il n'arrive que des restes de craie adhérente à des rognons de silex noir ou gris provenant du 2ᵉ étage de M. d'Archiac.

Après avoir décrit la physionomie hydrographique du bassin du Couzeau, je dois faire connaître sa physionomie orographique et géognostique. Sous le premier rapport elle est fort simple, et elle l'est peut-être plus encore sous le second.

1. Un rideau de côteaux borde au Sud, comme au Nord, la vallée de la Dordogne. Ce double rideau (abstraction faite de la vallée qu'il borde, — ce double rideau, dis-je, fait partie du massif de craie qui constitue le noyau central du Périgord et qui, s'appuyant au Nord et à l'Est contre les terrains jurassiques, va s'abaissant à l'Ouest et au Sud pour s'enfoncer sous les terrains tertiaires. La section particulière de ce massif à laquelle appartient notre petit pays est le versant Sud et Ouest de la crête qui sépare le bassin de l'Isle de celui de la Dordogne, et elle offre cette particularité, qu'elle est coupée en deux, de l'Est à l'Ouest, par la vallée de ce dernier fleuve, au-delà de laquelle elle s'étend encore à 3,500 mètres vers le Sud. La crête dont il s'agit court, au nord de la vallée, du N.-E. au S.-O. et a pour égout central le bassin hydrographique du Codeau (*Caudou* de Cassini et de l'État-Major) qui tombe dans la Dordogne à 1,200ᵐ en aval de Bergerac et à l'altitude de 29ᵐ). Tout ce pays, formé exclusivement de craie et de la molasse qui recouvre celle-ci, est fortement montueux, non-seulement au nord de la Dordogne,

mais encore, quoique moins, au sud de cette rivière, jusqu'au point où la craie y est remplacée par le pays blanc, beaucoup moins montueux.

La sous-section en forme de parallélogramme très-allongé, qui constitue le bassin hydrographique du Couzeau a, du Sud au Nord, ainsi que je l'ai déjà dit, près de 12,000 mètres, et sa largeur moyenne, compensée sur la carte à vue d'œil, peut être évaluée à 2,000 mètres; donc, sa superficie totale, en plan, est de 24 kilomètres carrés.

Les points culminants (pris au 1er ou au 2e rang de côteaux) des rideaux qui bordent la vallée de la Dordogne vis-à-vis le bassin du Couzeau sont :

Sur la rive droite de la Dordogne : Bel-Air (125^m); Baneuil (130^m); La Boissière (134^m), et le niveau du sommet de ce rideau se maintient sensiblement le même, vers l'Ouest, jusqu'à Mouleydier.

Sur la rive gauche *id. :* Bidou (*Bidère* de l'État-major), manifestement dominé par des hauteurs non cotées (120^m); Le Monge, au S.-S.-E. de Lanquais (130^m); La Lèbre, sans nom sur la carte, au S. du château de Lanquais (140^m); La Peyrugue (130^m approxim^t); plateau à l'E.-S.-E. des Pailloles (*Praillotes* de l'État-major, *Pognoles* de Cassini), entre le Pelain et le Tour (152^m); la Gaillardie (88^m); hauteur au-dessus de Monbrun, à l'Ouest (105^m); *id.* à l'E. de Verdon (120^m); village de Verdon (117°).

Les points culminants du bassin du Couzeau et de la bordure du *pays blanc* d'où descendent ses sources sont :

A l'Est : Le Vignoble (Belleyme), entre Lanquais et Couze (125^m approxim^t); Bidou; La Lèbre; Le Monge; Les Granges, au nord de Monsac (146^m); Le Bouyssou, au nord de Boyer et au sud des Hautes-Roques, commune de Lanquais (174^m)

Au Sud : Le Coualong, au S.-E. du Haut-Bourut (178^m); Laydou, principale source du Couzeau (127^m); Bardou (175^m); un point situé au centre de quatre *buttes* blanches de calcaire, dont trois nommées Charlat, la Maladarie et Suquet (120^m); le Grand-Ayral, autre source du Couzeau (120^m); hauteur entre Faux (153^v), et la Genèbre (157^m); la Micalie, autre source *id.* (121^m).

A l'Ouest : Point culminant de la forêt de Lanquais, près des Pailloles, déjà cité (152^m); La Peyrugue (*Perruque* de Cassini), déjà citée (130^m approxim^t).

II. Sous le rapport géognostique, le bassin hydrographique du Couzeau repose entièrement et exclusivement sur la craie du 1er étage de M. d'Archiac.

Je n'ai pas de documents nouveaux à fournir sur l'épaisseur totale de la formation crétacée dans notre petit bassin, et je me borne à transcrire une phrase du rapport qui fut présenté à l'Institut, en août 1843, sur les *Études* du terrain crétacé de M. d'Archiac, 1re partie. M. Dufrénoy, rapporteur, dit (p. X) que l'ensemble des divers étages de la craie du Midi devrait avoir une épaisseur de 350 mètres, mais qu'en réalité, « dans les points de sa plus grande épaisseur, dans la partie méridionale » du département de la Dordogne, elle atteint au plus 250 mètres. » Or, M. d'Archiac dit positivement, dans son mémoire, que cette puissance *maxima* se rencontre précisément dans les massifs qui dominent la vallée de la Couze, et je viens de relever quelques cotes du massif qui sépare cette vallée de celle du Couzeau. Voici maintenant quelques altitudes du massif, également crayeux, dont le relief sépare la vallée de Couze de celle du Bellingou qui vient après elle à l'Est :

Côte-Périe près Saint-Front de Coulory, déjà citée (126ᵐ); Mas de Bonnet, au sud de Bayac (141ᵐ); hauteur au sud de Bannes (144ᵐ); Caillade, commune de Bayac (169ᵐ); Rolland, au nord du vallon de Peyroux (157); hauteurs qui dominent le château de Luzier entre Peyroux et Beaumont (147, 128, 129ᵐ), Belpech de Beaumont (130); Beaumont (136ᵐ);

Sainte-Croix de Montferrand (156ᵐ); Les Granges, au N.-E. *id.* (166ᵐ); Saint-Avit-Sénieur (164ᵐ); Le Robert, au N.-E. *id.* (169ᵐ);

Hauteurs de Feugère et de la Trappe, entre Bannes et le vallon de Romaguet (159ᵐ).

L'ossature crayeuse du bassin du Couzeau a été entièrement recouverte par le manteau de molasse, qui a disparu dans les dépressions profondes, et a été recouvert lui-même par le diluvium qui subsiste encore sur les sommités et les plateaux. — Au S. seulement, la craie est remplacée par le calcaire blanc d'eau douce et les meulières du *pays blanc,* qui séparent le versant du bassin de la Dordogne du versant de celui de la Garonne.

Cet aperçu est suffisant pour faire apprécier l'ensemble géologique de notre bassin : le chapitre suivant sera consacré aux détails descriptifs, ordonnés de bas en haut suivant la superposition successive des terrains.

Nous y joindrons quelques coupes figurées (1), qui ont le double avantage de permettre au texte un peu plus de laconisme, et de lui communiquer beaucoup plus de clarté.

---

(1) Les coupes géologiques, généralement parlant, sont de trois sortes, savoir :

1° Les coupes *locales*, qui représentent les superpositions que l'observateur *voit réellement* dans le lieu qu'il décrit ;

2° Les coupes *itinéraires*, qui représentent, en série continue de gauche à droite du dessin, les accidents de terrain et les superpositions que l'observateur rencontre en se rendant d'un lieu à un autre ;

3° Les *diagrammes* (vulgairement nommés *coupes idéales* ou *coupes théoriques*), qui ne donnent aucune idée de la forme orographique des lieux, et qui ne sont que l'*argument* synoptique de ce qu'on va dire, ou le *résumé* synoptique de ce qu'on vient de dire, relativement à la description *géologique* d'un espace quelconque de terrain.

Ces trois sortes de coupes peuvent être :

Ou purement *mnémoniques*, c'est-à-dire abstraction faite de toute comparaison entre ou avec leurs dimensions réelles,

Ou *proportionnelles*, lorsquelles sont rapportées, quant à leur développement en longueur ou en épaisseur, à une échelle quelconque, ne fût-elle qu'approximative.

CHAPITRE III

COUPE GÉOLOGIQUE DE LA RÉGION ÉTUDIÉE DANS CE MÉMOIRE, ET DÉVE-
LOPPEMENTS DE LA LÉGENDE DE CETTE COUPE.

Observations préliminaires.

Après avoir esquissé sommairement la constitution physique du bassin
du Couzeau, je dois exposer sa coupe géologique, en faisant entrer dans
celle-ci la bordure formée par les terrains divers qui entourent immédiatement ce bassin, — adjonction indispensable pour compléter la
description de cette région et lui donner l'intérêt dont elle est sus-
ceptible.

J'ai dit en commençant, que je ne me proposais d'écrire ni une
géologie, ni même une *géognosie* méthodiques du petit pays que j'aspire
pourtant à faire connaître de mon mieux ; et pour ne pas donner, sans
profit pour la science, une extension immodérée à mon travail, je mets
de côté l'examen intrinsèque et approfondi du massif crayeux qui forme
son ossature. L'étude des terrains crétacés a été poussée très-loin par
un grand nombre de géologues éminents, et leurs beaux travaux en ont
fait connaître tous les éléments constituants, bien que ces savants soient
encore très-loin de s'être mis d'accord sur les divisions qu'il convient
d'y établir. Dans cet état de choses, on peut dire avec une égale vérité,
d'une part, qu'aucune formation n'est mieux connue que ne l'est la
formation crétacée, sous ses rapports pétrographiques et paléontologiques, — mais aussi, d'autre part, qu'il n'en est point de plus litigieuse
sous le rapport taxonomique.

Ce second point de vue est du ressort des chefs de la science, et si je
désire apporter à la cause en litige quelques détails d'observation qui
puissent être mis en œuvre pour l'élucider, je n'ai nullement la prétention

malséante de me faufiler parmi les juges du procès. Le but principal de mon mémoire, — les questions dans lesquelles de longues observations semblent m'autoriser à intervenir, — l'intérêt spécial, enfin, que m'inspire cet ensemble d'études, — tout cela est en dehors du massif normal de nos craies, et je serai très-bref et très-sommaire en ce qui les concerne. Bien connues en elles-mêmes, je le répète, il faudrait écrire tout un livre, si l'on voulait examiner et discuter les questions multiples auxquelles donne lieu leur distribution systématique en groupes d'un ordre inférieur.

En conséquence, et dans le signalement sommaire des caractères généraux, comme dans l'exposé des particularités intéressantes qu'offrent nos terrains crayeux, je me bornerai à suivre, pour la classification de leurs étages, le guide le plus élémentaire, par cela même le plus large dans ses vues, et en même temps le plus sûr pour l'obtention de résultats acceptables par tous les géologues. Je me placerai ainsi à un point de vue plus élevé que la région où se manifestent les dissentions scientifiques *de détail*, et cela suffit amplement au but que je me propose. Ce guide, ce point de départ, ce sera pour moi le célèbre et beau travail de M. le Vte d'Archiac, intitulé : *Études sur la formation crétacée des versants S.-O. et N.-O. du plateau central de la France,* 1re partie, in-8°, 1843. — Deux des étages admis par ce savant géologue, — le *premier* (craie supérieure), et le *deuxième* (craie tufau), — entrent seuls dans la composition de l'ossature de la région dont je m'occupe.

Mais il n'en pourra plus être ainsi quand j'aborderai l'examen des terrains qui font plus spécialement l'objet de mon travail. Ce sont :

1° Ceux qui, dans notre petite région ou sur sa bordure, n'ont pas été étudiés en detail (la *molasse* éocène, les *meulières*) ;

2° Ceux qui n'y ont pas du tout été étudiés (le *diluvium* et les *alluvions,* soit anciennes, soit modernes) ;

3° Ceux qui y ont donné lieu à des questions encore en litige (le *calcaire blanc d'eau douce*, les *silex* crétacés que j'ai assimilés, en 1847, à la *craie de Maëstricht*) ;

4° Enfin, je traiterai, sous une de ses faces, la question des *silex travaillés* de main d'homme, cette *annexe* récente de la géologie.

Pour tout cela, je ne suivrai pas un guide unique ; j'étudierai directement et de mon mieux les objets et les questions, et, pour chercher les moyens de résoudre celles-ci, je frapperai à toutes les portes.

Voici d'abord, comme *argument* synoptique, le diagramme ou coupe théorique de l'ensemble de nos terrains, dans l'ordre *renversé* de leur description.

Terrains meubles, superficiels. 7, 8, 9, 10. . . .

Terrain tertiaire d'eau douce { 5, 6 . . . . . .
{ 4. . . . .

Craie . . . { 1er étage. . . . . . { 3. . . . . . .
{ 2. . . . . . .
{ 2.e étage. . . . . . 1. . . . . . .

Légende. — § 7, 8, 9, 10. Diluvium et alluvions diverses.

        5, 6. . . . . . Meulières et calcaire d'eau douce blanc.

        4. . . . . . Molasse éocène (argiles panachées, sables, grès et minerai de fer.

        3. . . . . . Appendice du 1er étage (Craie à Faujasia).

        2. . . . . . 1er étage de la craie de M. d'Archiac.

        1. . . . . . 2e étage, *id.*

Voici, en second lieu, pour aider graphiquement à l'intelligence des dix paragraphes dont se composera ce chapitre, le *résumé* théorique de la *coupe* itinéraire *du Pescairou à Faux*, que j'ai adressée à M. Joseph Delbos en décembre 1845, après en avoir parcouru avec lui tout le développement. Il a reproduit dans son beau travail de 1847, intitulé : *Recherches sur l'âge de la formation d'eau douce de la partie orientale du bassin de la Gironde* (Mémoires de la Société géologique de France, 2e série, t. II, 2e partie, pag. 241 à 289, pl. XII, fig. 7). Cette coupe s'étend du N. au S. sur une longueur de 14,350 mètres en ligne presque directe, avec quelques légères inflexions de détail, et dont la série des *lieux dits* fera apprécier le peu d'importance, si l'on prend la peine de suivre (sur les cartes de Cassini, de Belleyme ou de l'État-major) le *développement* que j'en donnerai dans les paragraphes consacrés à l'étude de la molasse et du diluvium.

Je donne à peu près à ce résumé les dimensions de mon croquis original, pour faciliter la netteté des signes, et ceux-ci ne sont pas les mêmes que ceux employés par M. Delbos.

Résumé de la coupe.

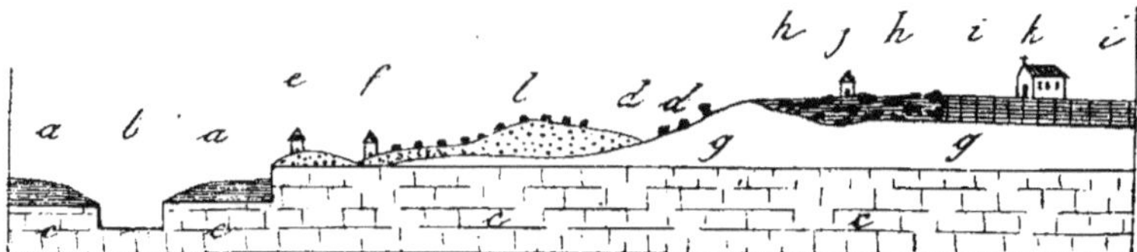

Légende. — *a*. Alluvion ancienne (2e lit de la Dordogne). Il y a dans la figure de M. Delbos, une légère erreur dont je suis la cause. Dans mon croquis original, j'avais porté trop haut cette alluvion, en sorte qu'elle empiétait sur le 1er lit où se trouve réellement située la métairie de Monsagou; il en résultait que la falaise crayeuse qui sépare le 1er lit du 2e était trop avancée vers le thalweg actuel, et que cette falaise présentait un ressaut (celui de gauche) qu'elle n'a pas en réalité. Cette erreur est corrigée dans le cliché que je publie aujourd'hui.

b. Troisième lit (lit actuel) de la Dordogne, au centre duquel une petite entaille montre l'ébauche du quatrième (rapide du *Pescairou*), séparé du deuxième lit par une falaise de 7 mètres (32^m approxim¹).

c. Craie du premier étage de M. d'Archiac.

d. Diluvium (*gris*, ou *rouge*, et *terres diluviales* et *molassiques*, qui forment le sol du premier lit de la Dordogne); épaisseur moyenne, 5 mètres.

e. Métairie de Monsagou (53^m approxim¹), au bord du premier lit.

f. Métairie de la Graule (58^m approxim¹), sur la molasse.

g. Molasse.

h. Meulières.

i. Calcaire d'eau douce blanc.

j. Métairie des Pailloles (150^m approxim¹), sur l'argile des meulières.

k. Bourg de Faux, le moulin à vent (153^m). sur le calcaire blanc.

l. Silex de la craie à *Faujasia*. — Il faut remarquer que leur position à la superficie de la molasse et du diluvium n'est pas leur position normale (puisqu'ils font partie de la formation crétacée) : je les ai représentés ainsi, comme on les rencontre *de fait*, lorsqu'ils ont été laissés à nu par la destruction de la molasse qui les avait primitivement repris, ou parmi les cailloux du diluvium qui en avait, à son tour, repris un certain nombre.

FORMATION CRÉTACÉE

§ 1. — 2e Étage de M. d'Archiac.

Il ne se montre nulle part au jour dans les limites du bassin hydrographique du Couzeau; mais au *Saut de la Gratusse*, à 4 kilomètres E. du *Port de Lanquais* en remontant le cours de la Dordogne (33^m approxim¹), on le rencontre formant le fond *monolithe* du 3ⁿ lit de

ce fleuve et les basses falaises (hautes de 6ᵐ) qui encaissent sa
rive droite aux abords de la ville de Lalinde (39ᵐ). Sur la rive gauche , il
s'enfonce sous la falaise énorme que constitue le 1ᵉʳ étage de M. d'Archiac , presque à pic sur la rivière vis-à-vis Lalinde et surmonté de la
petite et antique chapelle de Saint-Front-de-Coulory (90ᵐ) (*Sanctus
Fronto de Colubro*). Ce n'est qu'à la base (peut-être pas plus d'un mètre)
de la muraille en surplomb que forme la falaise , qu'on peut le distinguer du 1ᵉʳ étage qui lui est *immédiatement* superposé en stratification
discordante, et sans le plus mince dépôt intermédiaire. Son inclinaison,
dans le sens du cours du fleuve , est à peine sensible à l'œil , et bientôt
il disparaît totalement sous le 1ᵉʳ étage qui occupe à la fois la totalité du
fond *monolithe* du fleuve et la totalité de la hauteur de ses deux falaises;
les bancs de ce 1ᵉʳ étage sont plus sensiblement horizontaux (1).

Voici la coupe du point de jonction des deux étages, prise dans le lit
même de la Dordogne, sous la papeterie de Rotersack , en août 1846 ,
après une sécheresse continuée pendant trois mois entiers, ce qui per-
mettait de se rendre, en marchant à pied sec sur le fond monolithe du
3ᵉ lit, du port de Saint-Capraise (rive gauche), au port de Lanquais,
du port de Lanquais au port de Couze, du port de Couze enfin au Saut
de la Gratusse et bien au-delà. Rotersack est sur la rive droite , à l'extrémité inférieure du long *rapide* de la Gratusse, à distances à peu près
égales entre le port de Couze et Lalinde.

---

(1) A ce propos, je regarde comme un devoir de m'associer aux regrets qu'expriment deux savants géologues (MM. Arnaud, maintenant procureur impérial à Bazas ,
et Gust. Cotteau) sur la complication d'étages que M. Coquand a cru devoir introduire
dans la description de notre craie du Sud-Ouest. Cette puissante formation, constituée
sur un plan *très-simple*, s'y divise évidemment en un petit nombre d'étages éminemment distincts, mais qui, selon la très-juste remarque de M. Arnaud (*Terr. crét. de
la Dordogne, in* Bull. Soc. géol. de Fr., 2ᵉ sér., t. 19, p. 485) offrent à l'observateur
qui les étudie de près, tous les caractères de la *continuité de dépôt*. Aussi est-ce de
grand cœur que je me joins à M. Delanoüe (Bull. Soc. géol. 2ᵉ sér , t. 4, p. 425)
pour dire : « M. d'Archiac a établi dans la craie du S.-O. quatre grandes divisions; elles
» sont tout-à-fait naturelles », et elles suffisent pour rendre l'étude méthodique et les
descriptions claires. Alcide d'Orbigny, ce travailleur énergique, avait cru , lui aussi ,
arriver à plus de précision et de clarté par la *localisation* des espèces dans ses divers
étages, et les faits étudiés sur une échelle plus large, sont loin — on le sait maintenant — d'avoir constamment répondu à son attente. Il y a longtemps déjà que M. Cotteau a examiné, en ce qui concerne les subdivisions multipliées de M. Coquand, le
regret qu'il rappelle dans son *Rapport* de 1863 *sur les progrès de la Géologie* (Voir
l'*Annuaire* 1864 de l'*Institut des Provinces*, p. 216, 217).

Coupe de la rive droite.

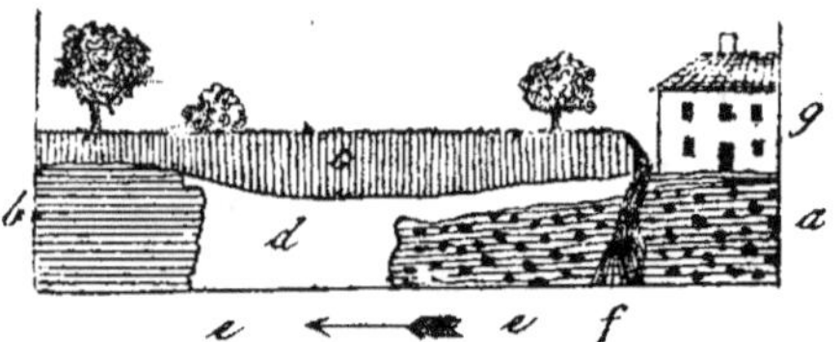

LÉGENDE. — *a*. Craie marneuse, blanc-grisâtre, à rognons de silex gris-noirâtre (2ᵉ étage de M. d'Archiac), dont les lits plongent visiblement sous le 1ᵉʳ étage (épais-seur 3-4 mètres).

b. Craie jaune (pierre de taille exploitée dans une petite carrière de la falaise près du réservoir à poissons) homogène et sans silex (1ᵉʳ étage *id.*), dont les lits sont sensiblement horizontaux (épaisseur 4-5 mètres).

c. Alluvion ancienne, sablonneuse (terres arables) formant le sol du 2ᵉ lit de la Dordogne (épaisseur, 2-3 mètres).

d. Sables et cailloux roulés, galets, descendus d'Auvergne et du haut pays de la Dordogne, formant l'alluvion *actuelle* du 3ᵉ lit du fleuve, et déposés par lui dans la solution de continuité de la falaise, entre l'extrémité visible et dé-mantelée des lits de craie du 2ᵉ étage et les lits horizontaux du 1ᵉʳ étage. L'extrémité de ces lits est également démantelée, soit par l'effet des courants, soit par quelque exploitation ancienne.

c. Lit actuel (3ᵉ) de la Dordogne, qui bat le pied de cette petite falaise haute de 6 mètres environ.

f. Cascade de la fontaine qui fait aller l'usine.

g. Usine de Rotersack.

J'ai omis de mesurer la longueur de la solution de continuité ; mais je crois qu'elle atteint à peine 40 à 50 mètres.

Coupe de la rive gauche (à peu près vis-à-vis de la précédente).

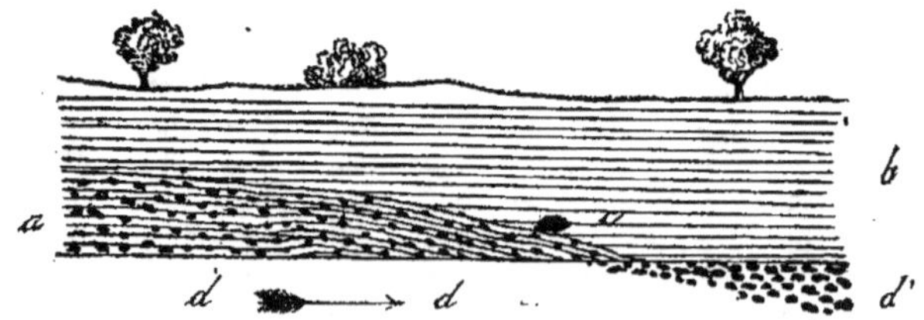

LÉGENDE. — *a*. Craie à silex (2ᵉ étage) à lits plongeants.

b. Craie sans silex (1ᵉʳ étage) à lits horizontaux.

c. Rognon isolé de silex, égaré dans un lit du 1ᵉʳ étage.

d. Lit de la Dordogne et fond *monolithe*   *id.*   (*d'*).

La falaise, haute en cet endroit de 10 à 15 mètres, forme la tranche inférieure du côteau de Saint-Front-de-Coulory, qui s'élève presque à pic au bord de la Dordogne, en sorte que le 2ᵉ lit du fleuve n'y est pas, ou presque pas marqué. Elle est si constamment humide parce qu'elle fait face au N., qu'il est impossible de reconnaître la superposition des deux étages, le long de sa paroi verticale ou surplombante, envahie souvent par les cryptogames, — il est, dis-je, impossible de la reconnaître autrement que par l'absence ou la présence des rognons de silex. Mais, à l'aide de ces silex, il devient évident que les lits du 1ᵉʳ étage sont sensiblement horizontaux, et que ceux du 2ᵉ étage plongent très-sensiblement vers l'O. La superposition est rigoureusement *immédiate*, sans le moindre dépôt intermédiaire aux deux étages : seulement j'ai observé un silex isolé, égaré dans le lit inférieur du 1ᵉʳ étage (*d'*).

En aval du point où la falaise verticale ne montre plus de silex, on en trouve encore empâtés dans la craie qui forme le fond de la rivière. C'est donc le 2ᵉ étage qui en constitue le plancher *monolithe* dans la moitié, à peu près, de sa largeur, mais là, les lits continuant à plonger sont remplacés par ceux du 1ᵉʳ étage, et on coupe de la pierre à bâtir *jaune,* dans ce plancher, à très-peu de distance en aval du point de jonction des deux craies.

De plus, on rencontre encore le 2ᵉ étage de M. d'Archiac dans la vallée de Couze, parallèle à celle du Couzeau, à 6 kilomètres sud-est du Port de Lanquais ; et là, il se montre bien plus près de la limite du bassin hydrographique du Couzeau (à 2,200ᵐ environ). Cet affleurement, plus épais, comme de juste, que celui du Saut de la Gratusse, se voit à la base des hauts côteaux qui bordent le flanc droit de la vallée de la Couze, à peu près vis-à-vis le château de *Bayac,* entre un coude formé par le promontoire qui renferme les riches carrières (très-bonne pierre du 1ᵉʳ étage) du *Colombier,* et le château de *Bannes.* Toute la rive gauche de la Couze, jusqu'à la vallée du Couzeau, appartient au 1ᵉʳ étage, tandis que l'affleurement du 2ᵉ étage continue à être visible sur la droite, en s'élevant même peu à peu, mais il est toujours couronné par la masse du premier.

Je reprends, pour les détails de ces deux localités d'affleurement du 2ᵉ étage.

Ils ne contiennent point de carrières, et en effet ils ne sauraient en fournir, car la structure feuilletée et souvent très-mince qu'ils offrent, est on ne peut plus désavantageuse, non-seulement pour le débit en *quartiers* (pierre de taille), mais même pour la solidité du moellon. A Périgueux, où les Romains et le moyen âge n'ont connu que des carrières du 2e étage, où la structure n'est pas feuilletée, mais où la craie est criblée de rognons de silex blonds, bruns et noirâtres, les monuments ont pris un air de vieillesse, bien plus tôt qu'ils ne l'eussent fait sans la détérioration constante que cause aux quartiers et aux moellons la ségrégation incessante et la chute des rognons ; le fini et la conservation des sculptures en ont surtout souffert, et ce n'est que depuis la découverte des carrières de Chancelade à *Radiolites lumbricalis* d'Orb. (trente ans au plus), que Périgueux jouit d'une pierre de taille aussi pure, aussi magnifique que celle d'Angoulême.

Au *Saut de la Gratusse*, le feuilletage de la craie du 2e étage n'est pas d'une minceur extrême, et ce n'est que par suite de son exposition à l'air qu'il se dessine sur la pierre du fond de la rivière et sur celle de la rive gauche, qui sont toujours saturées d'humidité. Sur la rive droite, exposée au midi, la falaise est plus finement feuilletée parce qu'elle n'est pas en surplomb, et qu'elle est desséchée par les plus vives ardeurs du soleil.

La craie de cette localité est grisâtre, d'une teinte même assez prononcée, mais elle blanchit à l'air et au soleil. Son grain est rude et grossier, et ses feuillets desséchés prennent une *sonorité* remarquable et quasi-métallique. Elle renferme un nombre, non pas immense mais assez considérable, de rognons de silex gris-noirâtre, aplatis ou plus souvent sub-sphériques, le plus souvent moins que pugillaires, mais assez souvent céphalaires et au-delà. Ces rognons ont fréquemment (toujours peut-être?) pour centre d'agrégation, un corps organisé mais très-mal conservé (pince de crabe, polypier rameux, *Siphonia*). Du reste, on n'y trouve que très-peu de fossiles caractérisés :

Pleurotomaria Lahayesi d'Orb.

Trigonia scabra Lam. (et encore l'individu que j'y ai recueilli pourrait-il provenir d'un éboulement du 1er étage).

Inoceramus Goldfussianus d'Orb.

Ostrea vesicularis Lam. (un nombre considérable d'individus de l'une des petites formes de cette espèce).

Rhynchonella alata (tel que l'entend M. d'Archiac) et ses var. *vespertilio* et *difformis*.

Tragos pisiformis Goldf.

Mais ce qu'on y trouve de plus caractéristique, ce sont des tronçons de corps vermiformes, très-comprimés et prenant alors une largeur d'un centimètre au moins sur un millimètre au moins d'épaisseur, longs parfois d'une dixaine de centimètres, et sensiblement arqués. J'ignore s'ils ont été décrits ; mais il est impossible de n'être pas frappé de leur extrême ressemblance morphologique avec le *Serpula problematica* Munst.; Goldf. Petref., p. 235, n° 48, pl. LXIX, fig. 13, du calcaire lithographique de la Bavière, et qui, presque assurément, n'appartient pas au genre Serpule. Je ne connais pas les extrémités de notre fossile, qui se retrouve peut-être, mais plus rarement, dans le 1er étage.

Les sources qui, dans cette belle localité, suintent des parois de la falaise, sur les deux rives, sont éminemment incrustantes. Quand elles tombent verticalement dans la rivière, elles encroûtent d'un enduit calcaréo-terreux de fortes masses d'*Hypnum commutatum, filicinum* et autres mousses. Quand elles sourdent du bord du fleuve et au niveau du fond, elles élèvent peu à peu un monticule de tuf qui acquiert à la longue une solidité quasi-pierreuse ; puis une rigole saillante, en forme de *jetée*, part de ce monticule et conduit directement leur eau dans le lit du courant habituel du fleuve. Dans les excavations (profondes de plus de sept mètres) creusées, il y a quarante ans environ, sur la rive droite pour emprisonner et utiliser la magnifique source qui fait fonctionner l'usine de Rotersack, il se forme des stalactites considérables. J'ajoute que sur ce point, le nombre et la grosseur des rognons de silex noir du 2e étage, disposés en cordons épais, et peut-être le jeu de la mine, ont produit des fissures si fréquentes et si spacieuses que, malgré trente ou quarante mille francs de dépense, on n'a pas réussi à capter la source de manière à la forcer de s'élever jusqu'au niveau dont on avait besoin pour la chute.

Je parle de tous ces tufs et stalactites dans le paragraphe consacré au 2e étage ; mais une grande partie, si ce n'est la totalité des eaux de ces sources incrustantes, provient de la surface ou de la masse de la craie du 1er étage. Il n'est donc pas étonnant que j'aie retrouvé de semblables incrustations de mousses sur le premier étage lui-même ; elles y forment des protubérances de tuf ou travertin calcaire qui ne sont pas sans importance, car elles atteignent au moins cinq à six mètres d'épaisseur dans le thalweg de la vallée du Bellingou, sur sa rive droite, entre Cadouin et les ruines du prieuré d'Ailhas. Les sources qui ont déposé ces tufs ne viennent pas de loin, mais seulement des parties élevées des berges du vallon.

Le *Saut de la Gratusse* est un immense *rapide*, hérissé d'écueils sur une longueur de 1,753 mètres environ (De Verneilh, *Histoire d'Aquitaine*), — rapide redoutable, dans la partie supérieure duquel est creusé le couloir dangereux qui a fait bien des victimes parmi les bateliers forcés d'y passer dans les basses-eaux, quand tout le reste du large lit monolithe du fleuve est absolument à sec : il faut un hallage très-énergique pour y passer en remontant, et ce doit être moins dangereux encore que la descente; ce danger, du reste, n'existe plus depuis la construction du *canal latéral*, sur la rive droite, de *Mauzac* à *Tuillière*, commune de Mouleydier (à peu près 16 kilomètres), lequel fait éviter en même temps le second *rapide*, nommé *le Pescairou*.

Ainsi que je l'ai dit dans le chapitre premier, les *couloirs* de la Gratusse et du *Pescairou* sont la première ébauche d'un 4ᵉ lit de la Dordogne.

Au résumé, la localité du *Saut de la Gratusse*, pauvre pour le paléontologiste, meilleure pour le zoologiste, excellente et instructive pour le géologue, très-riche pour le botaniste et pour ainsi dire inépuisable sous le rapport cryptogamique, est d'un prix inestimable pour le paysagiste. Il y a quelque chose aussi, tout autour, pour l'archéologue. La Dordogne elle-même, et ce désert de pierre qu'elle parcourt et qu'elle *scie*, — ces falaises menaçantes, — Lalinde, Saint-Front, le canal, les montagnes du Haut-Pays, l'épanouissement de la vallée vers le couchant... Cet ensemble est magnifique !

L'affleurement du 2ᵉ étage, à Bayac, est cité, ainsi que le précédent, par M. d'Archiac (*Étud. form. crét.*, 1ʳᵉ part., p. 26 ; 1843). Il est privé de presque tous ces attraits scientifiques et pittoresques : il vient au jour, là précisément où finit, avec les derniers arbres du parc du château de Bayac, tout ce que la vallée de la Couze offre de gracieux, de frais, de fertile même, et surtout de coquettement groupé. Le paysage gagne en grandeur, en sévérité, mais aussi en monotonie et en sécheresse : on n'y voit plus qu'une chose, l'importante forteresse de Bannes, fièrement campée sur un promontoire escarpé et se dessinant sur la toile de fond.

Le géologue lui-même aura sa part dans le désenchantement du paysagiste en deuil de la verdure. Au lieu de la falaise énergique et sombre de la rive gauche du fleuve, il ne trouvera plus, dans l'affleurement qui borde la route de Couze à Beaumont (rive droite de la Couze) qu'une craie marneuse et finement feuilletée, blanche ou faiblement grisâtre, ne renfermant que peu ou point de fossiles, et au lieu de rognons de silex, de simples petites boules de craie plus dure, divisées souvent en couches concentriques, parfois aplaties, rarement pugillaires et disséminées entre les feuillets de la roche.

Je n'ai rien à dire, pour notre circonscription si restreinte, relativement à la terre arable du 2ᵉ étage, que j'ai d'ailleurs à décrire dans le quatrième chapitre de ce mémoire, en ce qui concerne les plateaux arides de la route de Périgueux à Angoulême. Le côteau très-escarpé dont la base laisse apercevoir l'affleurement de Bayac, n'est qu'une pente rocailleuse, presque dépourvue de terre végétale et occupée en entier par un maigre taillis de chênes.

Fossiles principaux du 2ᵉ Étage.

Mon intention, dans ce mémoire, n'est point de faire un travail paléontologique, et si je fais un choix de quelques fossiles pour donner une idée sommaire de la faune de nos étages, ce ne sont ni les plus rares, ni les plus communs, ni les plus nouveaux que je veux inscrire ici : nous avons déjà plusieurs catalogues, et pour les enrichir autant qu'ils doivent l'être, il faudrait un travail tout spécial. Je ferai pourtant exception pour la craie à *Faujasia* (mon ancienne craie de Maëstricht), parce que cette couche a été depuis longtemps litigieuse, et que sa faune, que je possède tout entière avec les déterminations autographes d'Alcide d'Orbigny, n'a jamais été publiée à part.

Je me borne donc à citer, pour notre 2ᵉ étage :

Pleurotomaria Galliennei d'Orb.
     —   *Lahayesi* d'Orb.
Trigonia scabra Lam.
Inoceramus Goldfussianus d'Orb.
Janira substriato-costata d'Orb.
    —* *quadricostata* Goldf.
Ostrea santonensis d'Orb.
    — *carinata* Lam.
    — *vesicularis* Lam. (petite forme).
Rhynchonella alata et plus. de ses variétés (d'Archiac).
Corps vermiformes, rappelant le *Serpula problematica* Münst.
Tragos pisiformis Goldf.

§ II. — 1er **Étage de M. d'Archiac**

Le 2ᵉ étage de cet éminent géologue constitue donc la base la plus inférieure qui se montre au jour pour les terrains dont je m'occupe dans ce travail. Hormis les deux affleurements que je viens de mentionner, la base unique de cette circonscription, l'ossature unique de sa masse, c'est le 1ᵉʳ étage de M. d'Archiac, et au-dessus de lui, il n'y a plus aucune roche *solide* qui appartienne aux terrains marins. A Creysse, conservant toujours sa pente douce et presque insensible de stratification, cet étage s'enfonce sous les argiles tertiaires de la plaine de Bergerac et se prolonge jusqu'à l'Océan sans discontinuité, puisqu'il fournit quelques pointements à Villagrains, dans les landes de Bordeaux, et à Saint-Justin, dans celles de Dax, et puisqu'il offre, à Royan, un des deux promontoires *chefs-de-baie* de ce vaste golfe de la mer tertiaire.

La plus forte altitude qu'atteigne le 3ᵉ étage dans notre circonscription ne dépasse pas 178 mètres à l'extrémité S.-E., près le Haut-Bourut (métairie dite *Coulon* de Cassini, *Coualong* de l'État-major).

L'altitude moyenne de ses sommets, prise sur huit cotes, est de 153 mètres.

Sa plus grande épaisseur totale, dans la partie au sud de la Linde où sa puissance est le plus développée, n'est pas moindre de 80 à 85 mètres, d'après M. d'Archiac (*Étud. form. crét.*, 1ʳᵉ part., p. 19), et je suis très-porté à croire cette évaluation trop faible.

La craie n'y contient jamais de rognons de silex ; elle offre (à Monsac par exemple, 6 kilomètres S.-S.-E. de Lanquais) de la pierre propre à la fabrication de la chaux ; nulle part elle n'est sensiblement argileuse. Elle n'est jamais grise, mais quelquefois blanche, presque toujours jaunâtre, jaune ou d'un jaune très-foncé, tirant sur le brun ou le rouge. Sa dureté est très-variable, et elle fournit de vastes carrières de pierre tendre (jaune ou très-jaune), semi-dure (jaunâtre et quelquefois blanche), mais jamais véritablement *dure* (propre aux marches d'escalier). Cette dernière qualité de pierre ne se trouve, si je ne me trompe, que dans le lit de la Dordogne, où l'imbibition constante produit dans la roche une sorte de cémentation dont s'accroît sa puissance de cohésion ; mais aussi, elle y devient parfois fort gélive.

Les carrières, souvent très-vastes, y sont à plafond plat, soutenu par des piliers réservés, carrés, énormes, ce qui y rend les accidents fort rares. Elles sont ouvertes dans des masses homogènes , presque dépourvues de tout fossile un peu volumineux , divisées par lits à peu près horizontaux d'épaisseur variable , et traversées parfois par des veines d'un jaune plus foncé, où la contexture est plus lâche et le grain plus gros et moins cohérent ; ces veines sont dues à des infiltrations ferrugineuses plus abondantes que celles du bain général d'où résulte la coloration de la masse. M. d'Archiac (*Étud. form. crét.*, 1re part., p. 11) a fort justement signalé ces massifs exploitables comme placés vers la base de son 1er étage (Bannes, Bayac, etc.), c'est-à-dire que les carrières sont uniformément ouvertes à 10 ou 12 mètres au-dessus des affleurements du 2e étage.

Au-dessus de la masse exploitable en pierres de taille , la roche passe à des bancs plus ou moins épais et littéralement lardés de moules de fossiles ; la craie y est plus dure, disposée en lits plus minces (les *lèves* dont j'ai parlé dans le § Ier) et généralement plus blancs que le corps de la masse. Cette espèce de *nougat* de fossiles , qui cependant est souvent moins riche en corps organisés, mais souvent alors caverneux , est la partie supérieure de l'étage ; c'est en général à la surface ou près de la surface du sol qu'il se montre ; les ouvriers le nomment *décharge ,* parce que, dans les carrières qu'on entame à ciel ouvert , il faut toujours s'en débarrasser avant d'attaquer la roche exploitable en quartiers. L'ancien *quartier* de bonne pierre tendre ou semi-dure (2 pieds ou 66 centimètres de long sur un pied ou 33 cent. de large et autant d'épaisseur) valait 40 centimes ; mais depuis que les moyens de communication se sont multipliés et que nos grandes carrières du *Roc de Rabier*, du *Port de Léna*, de *Couze* et du *Colombier* envoient leurs produits non-seulement à Bergerac et dans l'arrondissement, mais encore jusqu'à Bordeaux où on les emploie dans des constructions monumentales, les vieux prix ont suivi la loi du progrès (60 à 70 centimes).

La physionomie paléontologique de notre 1er étage peut être esquissée à l'aide de l'aperçu suivant de ses fossiles les plus remarquables par leur taille , leur conservation habituelle ou la facilité de leur détermination générique.

> *Nautilus Dekayi* Morton. — Il devient parfois énorme ; c'est de feu Alc. d'Orbigny que j'ai reçu sa détermination.
>
> *Ammonites Gollevillensis* d'Orb. — C'est l'une des deux espèces qui proviennent du dédoublement du *lewesiensis* Sow. Elle

est rare, très-rare même, et son diamètre varie de 20 à
60 centimètres.

— J'en connais une autre espèce, plus rare et plus grande encore, mais toujours mal conservée.

Ammonites Mayorianus d'Orb., qui appartient bien certainement à
deux différents étages de d'Orbigny.

Nerinea Aunisiana d'Orb. — Du moins, n'ai pas trouvé de description qui lui convînt mieux.

Avellana Royana d'Orb.

Acteonella crassa d'Orb.

Globiconcha Marrotiana d'Orb.

—   *ovula* d'Orb.

—   *rotundata* d'Orb.

Turbo Royanus d'Orb.

Phasianella supracretacea d'Orb.

Pleurotomaria Marrotiana d'Orb.

— Autre espèce, énorme; diam. de la base, 13 centimètres;
elle est rare.

Crassatella Marrotiana d'Orb.

Cyprina Ligeriensis d'Orb. — D'après les descriptions, le *C. Genei*
de M. Coquand ne paraît pas en différer.

Trigonia scabra Lam. — Elle est toujours à l'état de moule intérieur, sans vestige de test; je l'ai trouvée, très-grande, une
seule fois, dans la masse *exploitée* de la carrière du Roc de
Rabier, à Lanquais.

Cardium Faujasii Ch. Des M. in d'Orb. (*C. productum* d'Arch.). —
Moules intérieurs, et contre-empreintes extérieures, avec les
trous des épines.

Arca cretacea d'Orb. (*Cucullæa tumida* d'Arch.)

Pinna restituta Hœningh.

Myoconcha supracretacea d'Orb. Prodr. (*M. cretacea* d'Orb. Terr.
crét.).

Mytilus Dufresnoyi d'Orb. (*Modiola* d'Arch.).

Lima maxima d'Arch. — Toujours pourvu de son test.

Inoceramus Cuvieri d'Orb.

—   *Lamarckii* Rœmer.

—   *regularis* d'Orb.

Janira substriato-costata d'Orb. (avec son test).

Ostrea vesicularis Lam. (plusieurs formes, grandes et petites).
Ostrea Santonensis d'Orb.
Hippurites radiosus Ch. Des M.
     — *Lamarckii* Bayle.
Radiolites crateriformis
     — *Jouannetii*
     — *cylindracea*   d'Orb.
     — *Hœninghausii*
     — *Bournonii*
Micraster bufo Agass.
Conoclypus acutus Agass.
Rhynchopygus Marmini d'Orb. Terr. crét. (*Cassidulus* d'Orb
     Prodr. Pal. stratigr.).
Cyclolites cancellata d'Orb.
     — *elliptica* Lam.
     — *gigantea?* d'Orb. (Diamètre, 20 centimètres).
Astrea (ou genre voisin)... En masses considérables.
Orbitoides media d'Orb. (*Orbitolites* d'Arch.).
Orbitolites....... Complètement aplatie et ressemblant beaucoup à
     l'*O. complanata* Lam. des terrains tertiaires, cette espèce,
     très-mince et qu'on n'obtient jamais entière et isolée, se
     trouve un peu partout dans les bancs dits de *décharge* : elle
     existe en nombre incalculable au port de Léna. Si, comme je
     le présume, elle n'est pas décrite, sa minceur pourrait lui
     faire donner le nom d'*O. chartacea*.
Tragos pisiformis Goldf.

On remarque peut-être que cette liste de 46 fossiles, choisis pour spécimen de la faune du 1er étage, est bien peu de chose si on la compare au nombre immense d'espèces du terrain *sénonien* que M. d'Orbigny signale dans son Prodrome. On pourra même me reprocher de n'avoir pas du moins relevé dans cet ouvrage les noms des espèces qu'il signale à Lanquais. Je n'ai pas voulu agir ainsi, parce que ma liste est dressée au point de vue *non* paléontologique, mais géologique, et j'ai écarté à dessein de cet *elenchus* toutes les espèces que je n'ai rencontrées qu'à l'état siliceux (parce qu'il est douteux pour moi qu'on les ait trouvées dans le 1er étage [*Conoclypus obtusus* et *Pyrina petrocoriensis* par exemple]), — toutes celles qui font partie de la faune des *silex à Faujasia* (parce que le paragraphe suivant sera consacré à l'étude et à l'appréciation de cette faune), — presque toutes celles enfin qui appartiennent soit aux Polypiers (*sensu latiori*) ou aux Foraminifères (parce que je ne les connais pas assez pour les déterminer avec certitude). J'ai voulu ne faire entrer dans ma liste que des espèces recueillies, *à l'état crayeux*, dans le 1ᵉʳ étage incontesté, de notre localité.

La plus remarquable de nos carrières, tant par son étendue sous la plaine du 2ᵉ lit de la Dordogne, que par la bonne qualité de ses produits et l'épaisseur non moins que la richesse paléontologique de son assise de *décharge*, est sans contredit celle du *Port de Léna*, brièvement mentionnée par M. d'Archiac (*loc. cit.*) à la première ligne de la page 12. Elle s'ouvre par plusieurs bouches, au niveau de la Dordogne qui y entre parfois, dans la falaise (actuellement démantelée par de si longs et de si considérables travaux) du 3ᵉ lit du fleuve, à distance à peu près égale (1 kilomètre) du *Port de Lanquais* et de celui de Couze, et à la limite des communes de Couze et de Varennes. Je l'ai vue pendant plus de vingt-cinq ans conserver la même apparence extérieure ; mais on a fini par la pousser trop loin dans la plaine, et par s'endormir dans une sécurité déjà si longue, au point de réserver des piliers trop rares pour une surcharge de 6 à 8 mètres d'alluvion sablonneuse et caillouteuse. Dans la nuit de Noël de l'année 1858, cette surcharge s'effondra sur un espace considérable, comme elle l'avait déjà fait partiellement et successivement, aidée par la main de l'homme, au front de quelquesunes des entrées de la carrière ; mais elle n'engloutit heureusement que les quartiers débités et les outils que les carriers y avaient laissés en se retirant. Un second effondrement, — et ce dernier fut énorme — se produisit, en plein jour, le 21 avril 1859, et n'occasionna non plus aucun malheur, mais força à de grands travaux de déblaiement. Les peintres d'intérieur, de rochers et d'eaux ont perdu là une des plus belles études d'*effets* qu'ils pussent faire. En été, quand les rayons du soleil couchant *enfilent* directement le long canal rectiligne et encaissé qui forme le lit actuel du fleuve, il fallait se placer dans la carrière, en arrière du premier rang de piliers qui l'ornaient comme d'un portique cyclopéen. Formes, couleurs, tout était magique dans ce grand aspect que j'ai eu le bonheur de faire contempler à mon savant maître, à mon ami toujours regretté, le général Hyacinthe de Collegno, alors doyen de la Faculté des Sciences de Bordeaux : il en jouissait en artiste autant qu'en homme de science !... Les géologues me pardonneront sans peine d'avoir consigné dans ces pages un souvenir si plein à la fois de douceur et d'amertume.

La veine d'excellente pierre qui constitue les carrières ou *caves* du *Port de Léna* traverse la rivière, dans laquelle on en a extrait beaucoup pendant les basses eaux, et se continue sur la rive droite où se trouvent aussi des exploitations semblables, mais moins considérables (vis-à-vis et au même niveau). Une tradition locale prétend que l'usage de ces carrières remonte aux Romains, mais j'ignore laquelle des deux rives ils auraient attaquée.

Les belles carrières du *Roc de Rabier,* à 2 kilomètres S. de Lanquais et sur la rive droite du Couzeau, fournissent une pierre tendre d'abord et à grain plus grossier, et d'un jaune plus foncé qu'au Port de Léna, mais qui durcissent à l'air. C'est elles qui ont servi, au XVIe siècle, pour la construction de la partie *renaissance* du château de Lanquais, — partie tellement remarquable par l'ampleur et le style du bâtiment comme par l'habileté pratique de l'architecte, qu'un archéologue éminent, M. Félix de Verneilh, ne serait pas éloigné de l'attribuer au célèbre André Ducerceau, dont il croit y retrouver *la manière*. Les carrières du Roc de Rabier sont d'un aspect imposant, hautes de cerveau, au niveau du vallon et à la base d'un promontoire qui domine la jonction du Couzeau et d'un de ses affluents ; leurs entrées forment des portails élevés, ouverts dans le roc vif. La *décharge* qui les surmonte est d'une épaisseur médiocre, plus dure et moins riche en fossiles que celle du Port de Léna.

Les carrières du Colombier, de 8 mètres d'épaisseur sans fissures (vallée de la Couze), remarquées avec éloge par M. d'Archiac (*loc. cit.,* p. 11), et celles de Couze, n'ont pris une grande activité que depuis l'établissement de la route départementale de Couze à Beaumont. Le nombre des petites exploitations est considérable dans les vallées de la Couze et du Couzeau ; il en est résulté, dès une époque fort ancienne, une grande facilité pour y pratiquer des habitations. La rive gauche de la Couze, près de la sorte de cascade élargie qui amène ses eaux dans le lit de la Dordogne, contient un bon nombre de ces nids de troglodytes, qui donnent au paysage un caractère éminemment pittoresque. Sans doute, il doit y avoir eu là plusieurs de ces *lieux de refuge* si fréquemment habités dans l'antiquité et probablement dans le haut moyen âge. On voit l'entrée probable d'un de ces refuges dans le vallon du Couzeau, rive gauche, entre le vallon de *Combe-Malesse* et le moulin de la *Genèbre,* à 3 mètres au-dessus du sol du vallon ; mais on n'a pas pu y pénétrer.

Il existe aussi beaucoup de grottes peu profondes et basses de cerveau, à la base des falaises de nos divers vallons. Une seule, qui est en dehors du bassin hydrographique du Couzeau, mais peu éloignée de la rive droite de la Dordogne, mérite une mention particulière. C'est la grotte de *Lamonzie-Montastruc,* commune de ce nom, au lieu dit le *Gué de la Roque,* dans la vallée du Codeau, à 10 kilomètres N.-O. de Lanquais. Elle s'ouvre à mi-côte et s'enfonce assez profondément dans le côteau, sous la forme d'un boyau tortueux en pente *ascendante* très-rapide et très-irrégulière. L'accès en est singulièrement difficile et surtout malpropre, parce qu'il n'y a pas de *sol* continu : on s'élève graduellement sur le dos des blocs éboulés, en employant, en guise de grapins, les deux mains qu'on enfonce alternativement dans une couche épaisse de limon très-tenace. Sans cette précaution, on roulerait dans les profondeurs du couloir où l'on entend gronder un ruisseau qui parfois le remplit presque en entier, puisque le limon demeure mou et plastique comme une glaise. Tandis que les membres thoraciques remplissent ces fonctions peu attrayantes, *le reste* du touriste s'avance non sur ses pieds mais sur ses genoux, pour préserver sa tête des myriades d'aiguilles creuses de stalactite qui la déchireraient. Cette description doit donner à penser que je n'ai pu y voir de stalagmites, et moins encore de limons ossifères, et je m'engage volontiers *à n'y retourner jamais* dans le but de m'assurer s'il y en a ! — Le ruisseau de la grotte vient au jour au bas de la côte.

Je n'aurais rien à dire de Mouleydier, sur la rive droite de la Dordogne, où le 3ᵉ étage fournit encore de la craie bonne pour la taille, si l'on n'arrivait, là précisément, aux abords du rivage oriental du golfe crayeux qui constitue le bassin tertiaire de Bordeaux. Ce rivage, — falaise telée et percée à sa base par le lit de la Dordogne — n'offre plus qu'une démancraie très-souillée de veines colorées par l'oxide de fer et surtout extraordinairement caverneuse : un tronc d'arbre, miné par les larves de Scolyte, n'est pas criblé de plus de millions de trous ; c'est une vraie craie *de rivage* qui va s'abaissant jusqu'à Creysse (2 kilomètres en aval) et disparaît là sous les argiles et les sables de la plaine de Bergerac qui reposent sur elle en stratification transgressive. De ce fond de golfe à l'Océan actuel, il y a encore 150 kilomètres à vol d'oiseau.

§ III. — Lit supérieur de la craie, en Périgord

(Craie à *Faujasia* Nob. 1864. — Craie de Maëstricht Nob. ollm.)

Cet appendice n'existe plus : il a été fondu et entraîné, ce qui fait juger avec toute apparence de raison — j'oserais dire même de certitude, qu'il était ou sablonneux comme à Uchaux et au Mans, ou argilo-marneux comme en Normandie. Autrement, s'il eût été formé de strates plus ou moins épaisses de pierre, comme les étages que je viens de décrire, il en serait assurément resté quelque chose de plus que les rognons de silex parfois métriques et au-delà, qui sont aujourd'hui les seuls, mais aussi les irrécusables témoins de son antique existence.

Il me sera permis de faire remarquer que MM. d'Archiac et de Verneuil ont observé un fait analogue, mais dans des conditions géologiques très-différentes (*Coupe du Mont Pagnotte à Creil*, in *Bull. Soc. géol.*, 2ᵉ sér., t. II, p. 343; 1845). « Ces silex des plateaux, » disent-ils, » brisés mais nullement roulés, sont alors parfaitement distincts de ceux » du diluvium des vallées. Leur état et leur position semblent témoigner » à la fois et de l'action dissolvante des eaux qui les ont dégagés de » leur gangue crayeuse, et du faible pouvoir de transport de ces mêmes » eaux. »

Donc, puis-je dire à mon tour, c'est *ici* même que cet appendice de la craie a existé; car, si ces rognons y eussent été apportés d'ailleurs, on aurait retrouvé ailleurs, en Aquitaine, soit les rognons eux-mêmes, soit leurs fossiles caractéristiques, et c'est, que je sache, ce qui n'a jamais été constaté pour les rognons siliceux, et ne l'a été pour l'espèce essentiellement dominante de leur faune (*Faujasia Faujasii*) qu'à Barbezieux (Charente), où M. Coquand signale sa présence dans son étage *campanien*, qui représente pour lui la craie de Meudon, Maëstricht et Ciply (*Statist. Charent.*, I, p. 538 [1858]; *Synopsis*, etc., p. 137 et 145 [1860]).

Jamais non plus — et c'est ici ma longue pratique du pays qui l'atteste, — jamais cette nature de rognons de silex n'a été retrouvée dans les assises des 1ᵉʳ ou 2ᵉ étages de M. d'Archiac; jamais non plus les fossiles *caractéristiques* de cette couche disparue ne se retrouvent, roulés, dans notre *diluvium*.

Donc, la masse de ce lit supérieur a été dissoute et entraînée, et les noyaux de silex qu'elle contenait sont restés sur place, où ils ont été repris par la molasse, formation d'eau douce tertiaire, éocène, immédiatement superposée *théoriquement*, à ce dernier et supérieur dépôt de notre craie du S.-O., mais *de fait actuel,* immédiatement superposée, dans notre Périgord méridional du moins, au 1er étage de la craie de M d'Archiac.

Quant au nom de craie *de Maëstricht,* c'est moi qui l'ai timidement proposé à M. de Collegno, qui le leur a donné quand je lui ai fait voir ces beaux silex *expatriés* dans la molasse et parmi les résidus du *diluvium,* et quand je les lui ai montrés parfois parsemés, quelquefois même pétris de moules siliceux admirablement conservés, ou de fragments de mon *Echinolampas Faujasii,* qui n'était connu que dans la craie supérieure de Maëstricht et qui, depuis lors, a reçu successivement les noms génériques de *Pygurus* Des. et de *Faujasia* d'Orb.

En 1847, et après avoir parcouru avec moi toute la série des terrains crayeux et tertiaires qui se trouvent aux alentours de Lanquais, M. Jos. Delbos adopta complètement la dénomination proposée, en inscrivant la note infrà-paginale que voici, au bas de la note finale de ses *Recherches sur la formation d'eau douce de la Gironde, in* Bull. Soc. géolog., 2e série, t. II, 2e part., p. 289 : « Ces silex, non décrits par M. d'Archiac, se » présentent en blocs abondamment répandus au-dessus de la craie. Ils » paraissent résulter de la destruction d'une couche de craie qui recou- » vrait primitivement les assises décrites par M. d'Archiac, même les » plus supérieures. Ils renferment des *Oursins* assez nombreux (*Echino-* » *lampas Faujasii, Spatangus Bucklandi,* des *Pholadomyes*. et quelques » autres fossiles. M. Ch. Des Moulins, qui a le premier observé ce dépôt, » l'assimile à l'étage de la craie de Maëstricht. Ce rapprochement inté- » ressant paraît parfaitement d'accord avec les données fournies par la » géologie. »

On ne saurait me reprocher la reproduction de ce document : il est imprimé, il appartient à l'histoire de la science, et le titre de ce paragraphe doit m'absoudre de l'accusation d'entêtement.

Quant aux fossiles de ces silex, — fossiles dont les espèces dominantes étaient alors inconnues dans les 1er et 2e étages de M. d'Archiac et n'y ont été, aujourd'hui même, que très-rarement retrouvées ou même ne l'ont pas encore été, — ils sont peu nombreux, et j'en aurai donné la liste presque complète, quand j'aurai transcrit celle des corps organisés (Échinodermes pour la plupart) qu'un coup unique d'un puissant marteau d'acier m'a permis de compter dans les deux moitiés d'un

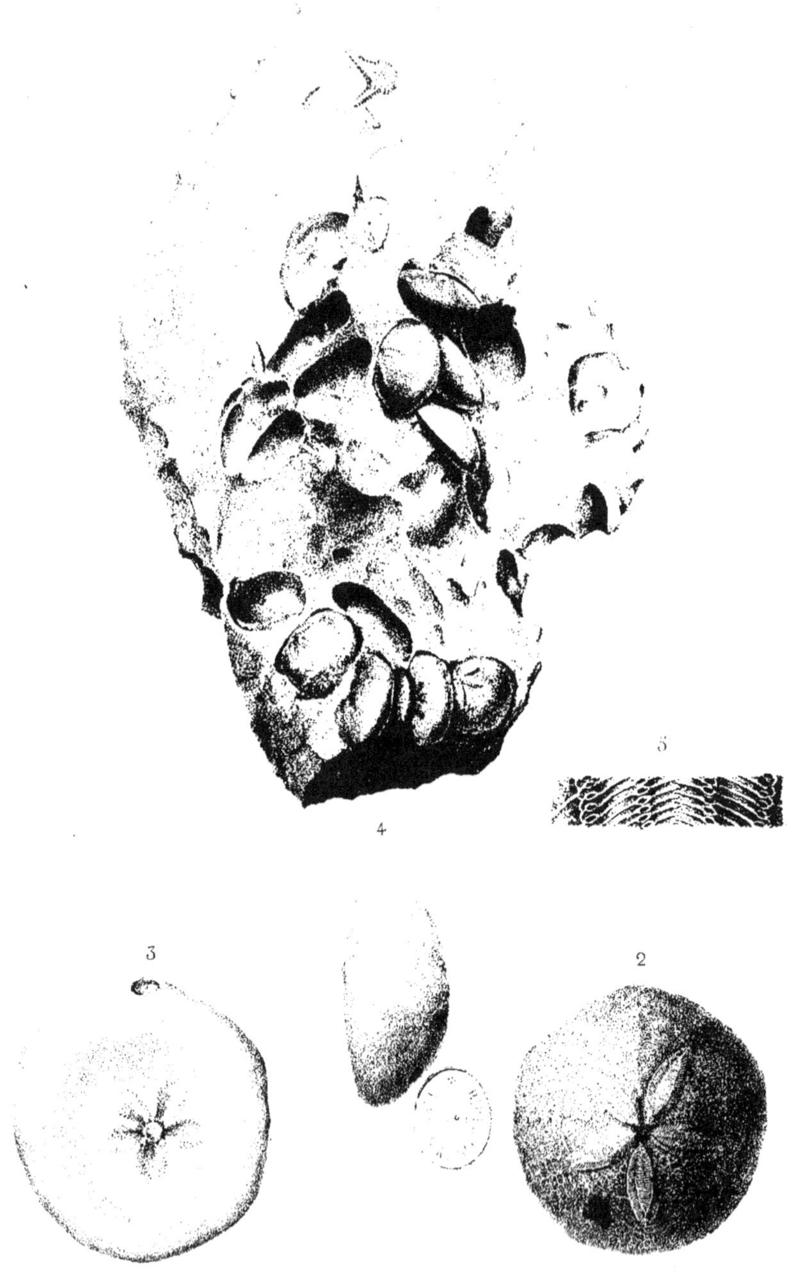

P. Lackerbauer lith.

Imp. Becquet à Paris.

Faujasia Faujasii d'Orb. (du Périgord.)

rognon céphalaire trouvé pour ainsi dire en ma présence, à 100 ou 150 mètres du château de Lanquais, en creusant un petit fossé dans la molasse :

26 *Faujasia Faujasii* d'Orb. (*Echinolampas* id. Nob. olim; *Pygurus* id. Agass.).

5 *Hemiaster Moulinsanus* d'Orb. (*H. Bucardium* Des.; *Spatangus Bucklandii* Nob. olim, non Goldf.).

4 *Avicula pectiniformis* Gein.

1 *Pentetagonaster Moulinsii* d'Orb. (individu *unique*).

———

36 individus (voir ma *Lettre* du 8 juin 1847 au Président de la Société géologique de France; *Bulletin*, 2e série, t. IV, 2e part., p. 1144-1156).

Les deux Échinides mentionnés dans cette liste sont à l'état de noyaux d'un blanc bleuâtre, couverts d'une couche de très-petits cristaux qui les font ressembler à certains produits de l'art du confiseur. Ils sont détachés de partout, si ce n'est à l'orifice buccal où il existe un pédicule de communication entre la gangue qui a rempli le test et la gangue qui l'enveloppe. Ce test, qui a disparu complètement, est remplacé le plus souvent par une pellicule siliceuse papyracée, unie, qui se brise entre les doigts comme un mince enduit de sucre fondu. — Le pédicule de l'orifice buccal se brise presque toujours sous le coup du marteau, et il en résulte que le moule de l'échinide reste libre et mobile dans sa niche, comme une dent déchaussée qui branle dans son alvéole : c'est là le cas pour 8 ou 10 des 31 échinides renfermés dans le bloc dont je parle.

Particularité curieuse, et que j'ai observée fréquemment sur les moules internes de diverses coquilles de la craie ou du calcaire grossier, — il est arrivé parfois que la gangue, siliceuse ou calcaire, a enveloppé des individus *morts*, et les gaz de la décomposition du corps se sont alors réunis dans un certain espace de l'intérieur du test. Le *bain* qui a formé la gangue n'a pu expulser ces gaz dont la résistance lui barrait le passage, et il est résulté de là une chambre *vide* dans la capacité du test, et une *troncature* parfaitement nette dans la substance du moule. Dans d'autres cas, le moule est en partie parfaitement détaché et offre une contr'empreinte, tandis que, partout ailleurs, il est entièrement fondu dans la pâte de sa gangue.

Cette particularité se fait remarquer sur des moules d'échinides, dans le bloc dont je parle. On l'observe aussi, fréquemment, chez des bivalves à test épais (Rudistes, *Cardium, Venus*), mais non sur les *Avicula* de notre bloc, dont le test très-mince n'a produit, par sa destruction, aucun intervalle appréciable entre son empreinte et sa contr'empreinte : aussi leurs moules ne sont pas branlants dans leur alvéole.

Parmi les autres fossiles de ces rognons, mais qui ne sont pas représentés dans le bloc dont je viens de parler, il faut citer comme assez commune une autre espèce d'Avicule (*A. Perigordina* d'Orb.), une Pholadomye (*P. Moulinsii* d'Orb.), et pour sa rareté un échinide spatangoïde, dont j'ai trouvé parmi les *éclats* d'un *lieu de fabrique* de haches *non polies* (à *Ligal*, dans la Forêt de Lanquais), un moule interne et incomplet, que M. d'Orbigny a rapporté à l'*Hemipneustes radiatus* de Maëstricht. — Je n'ignore pas que ce dernier nom, étendu à un échinide de la craie supérieure des Pyrénées par M. Leymerie, en 1851 (*Mém. Soc. géol. de Fr.*, 2e série, t. IV, p. 201), par MM. Leymerie et Cotteau en 1856 (Catal. Échin. foss. des Pyrén., *Bull., Soc. géolog.*, 2e sér., t. XIII, p. 351), par M. Cotteau en 1863 et malgré quelques différences dans les caractères du sillon antérieur (Échin. foss. des Pyrén., *Congrès Scientif. de Bord*ˣ (1861), t. III, p. 210, et tirage à part, p. 50), par M. Leymerie enfin, en 1864 (car il n'y a pas huit jours que j'ai reçu le fascicule qui termine le t. XIX du *Bulletin* de la Soc. géol. ; Réunion extraordinaire de la Soc. géol. à Saint-Gaudens, en septembre 1862, p. 1093, 1099, 1101, 1108, etc., et j'inscris cette citation le 13 mai 1864), — je n'ignore pas, dis-je, que ce nom spécifique est vivement contesté, pour les spécimens *pyrénéens*, par M. Hébert. Ce savant n'a consenti à donner que le nom *générique* dans le procès-verbal de cette réunion extraordinaire qu'il a rédigé (*ibid.*, p. 1112, 1113), et ses doutes spécifiques s'étendent à mon échantillon unique *de Lanquais*, qu'il a désiré voir : je suis donc forcé de donner quelques explications à ce sujet.

Cet échantillon unique est celui dont il est parlé dans ma Lettre précitée à la Société géologique de France, 1847 (*Bulletin*, 2e sér., t. IV, p. 1150, n° 13 de mon envoi). On comprend quel prix j'aurais attaché, dans mes idées d'assimilation de nos silex à la craie de Maëstricht, à constater chez nous la présence de l'*Hemipneustes* luxembourgeois, et tout d'abord j'espérai bien être en possession de la preuve tant désirée ; mais le moule interne incomplet que j'avais recueilli ne me fournissait point cette preuve. Je ne possédais, de Maëstricht, que le test entier, et non le moule siliceux de cette belle espèce, et le *sillon antérieur*, précisément, m'offrit dans la disposition des pores, des différences telles que je n'osai pas , en conscience , proposer l'assimilation qui m'eût été si précieuse. J'envoyai donc à la Société géologique mon échantillon de Lanquais sous cette simple et vague désignation : *Spatangue indéterminé*. Peut-être , me disais-je , les pores , qui très-fréquemment chez les Échinides ne traversent pas *perpendiculairement* le test , offrent-ils en apparence , sur le moule , une disposition différente , et M. d'Orbigny, qui doit avoir test et moule , saura bien reconnaître l'identité spécifique si , par un bonheur que je n'ose plus espérer, elle existe réellement. — M. d'Orbigny pensa la reconnaître , cette identité , car l'échantillon me revint avec cette détermination substituée , de sa main , sur mon étiquette , à la désignation vague que j'y avais inscrite : « *Hemipneustes radiatus* Agass. »

J'ai rapporté depuis peu d'années mes collections de Lanquais à Bordeaux , et le temps m'ayant manqué jusqu'à présent pour les mettre en ordre , il m'a été impossible de retrouver l'échantillon à l'époque où M. Hébert m'a fait l'honneur d'en désirer la communication ; mais comprenant à quel point elle pouvait lui paraître importante , je me suis mis à fouiller les caisses non encore déballées , résolu à ne quitter cette ennuyeuse besogne qu'après avoir pu prononcer l'εὕρηχα traditionnel.... Le précieux échantillon sera porté prochainement à Paris , et placé sous les yeux de M. Hébert ; mais, en attendant que ce grand procès soit vidé, je ne puis que faire figurer la détermination commune à feu d'Orbigny et à MM. Leymerie et Cotteau , dans les listes que contient le présent Mémoire. Je ne dois pourtant pas oublier — et je n'oublierai pas dans la suite de la discussion , — que cette détermination est contestée par un géologue éminent, et que l'*Hemipneustes radiatus* de d'Orbigny pourrait bien partager un jour le sort de l'*Hemiaster Bucardium* Desor, démembré en deux types distincts par d'Orbigny, ou le sort du *Faujasia apicialis* (*Pygurus* Desor), qu'on a voulu réunir au *F. Faujasii*, et que d'Orbigny (Terr. crét. VI, pl. 922 , 923) en a spécifiquement et justement séparé.

Il y a quelque intérêt à remarquer que ces trois déterminations controversées ont précisément pour objets trois fossiles des rognons de silex périgourdins dont je m'occupe en ce moment : le dernier mot n'est probablement pas dit encore sur l'ensemble de cette discussion !

Les silex de la craie dont il s'agit , et sur la description générale desquels je ne m'étendrai pas ici, parce que je suis appelé à le faire avec de plus minutieux détails dans le chapitre V^e de ce Mémoire, offrent tantôt une pâte un peu grossière et grenue, tantôt une pâte excessivement fine, translucide et ressemblant presque à celle des agates. Ils se rapprochent également de cette dernière espèce de quartz, et aussi du quartz-onyx, par la tendance très-prononcée qu'ils laissent voir à une disposition en zônes *concentriques et diversement colorées*, parfois en jaune, en brun ou en gris bleuté, bien plus souvent en rose, en rouge ou en violet ; je regarde ces trois dernières nuances comme dues à l'action des oxides de fer et de manganèse, soit dans le gisement primitif des blocs ou rognons, soit pendant leur exil dans la molasse où cependant, en général, leur *croûte*, presque toujours épaisse, est demeurée blanche ou seulement jaunie par le fer hydroxidé.

Leur cassure est conchoïdale à un haut degré ; mais cette *conchoïdalité*, dont j'ai parlé avec quelque détail dans ma lettre de 1847, s'exerce en sens diamétralement opposé à la *concentricité* de coloration des rognons. Celle-ci produit des zones dont la concavité regarde l'intérieur du rognon ; dans celle-là, la concavité de la cassure regarde le dehors. Rien n'est plus fréquent et n'offre une tentation plus périlleuse aux *celtomanes* novices, que ces disques très-petits ou atteignant parfois 10 centimètres et plus, plats d'un côté, convexes de l'autre, finement tranchants sur leurs bords réguliers à merveille, et pour lesquels on chercherait si volontiers un emploi déterminé et un nom technologique dans les *industries* anté-historiques (j'allais dire, pour me conformer à la mode, anté-humaines !)..... Ce curieux résultat de la cassure conchoïdale, c'est la percussion forte, vive, sèche, et principalement la percussion perpendiculaire et bien d'aplomb, qui lui donne naissance. On trouve assez fréquemment *deux* de ces disques emboîtés l'un dans l'autre, comme les poids fractionnaires de certaines balances ; et une fois dessinés en leur contour par une fissure, ils se déjoignent facilement. Mais, ce qui est bien plus rare, j'en possède un *assortiment* emboîté de *trois* pièces disjointes.

Où rencontre-t-on ces silex ? — Presque PARTOUT, excepté sur le terrain de meulières et de calcaire d'eau douce, et dans le fond des vallons, où ils ont été enfouis ou emportés par les courants : telle est la réponse à la fois la plus simple et la plus vraie, hormis dans les cas d'éboulement ou de transport volontaire. Leur position normale, depuis la destruction de leur gangue crayeuse, est dans la molasse, et subséquemment dans le diluvium qui les a repris pendant le lavage qu'il a opéré sur une partie de la molasse. Hors de là, leur présence n'est qu'accidentelle ; mais l'*accident* se renouvelle de plus en plus fréquemment, car ils sont fort gênants pour la pioche et pour la charrue ; et de plus, s'ils sont fort justement écartés des travaux de maçonnerie, parce qu'ils prennent mal le mortier, ils sont au contraire fort recherchés pour les clôtures en pierres sèches.

On trouve ces silex partout, dis-je, sur les plateaux, sur les sommités et sur les pentes, là où la molasse les a enveloppés, et particulièrement dans ses éboulements, qu'on pourrait appeler molasse *remaniée ;* mais je ne pense pas qu'on en rencontre dans ses parties supérieures et très-pures, car la molasse a été une formation lente, paisible et sans courants capables de charrier des matériaux si lourds et si volumineux. J'en vois du moins la preuve dans une masse molassique énorme et très-pure, toute sablonneuse, appelée le *Trou de la terre,* près la Graule, commune de Lanquais, et je n'y vois point de ces rognons, non plus que dans les autres gisements moins considérables qui entourent Lanquais.

Nous ne possédons, dans notre circonscription, rien qu'on puisse appeler marnes ou argiles crétacées. Je le crois du moins ; car, à l'extrémité sud de la forêt de Lanquais, on a creusé un puits de 9 à 10 mètres de profondeur dans le vaste plateau où les argiles des meulières reposent sur la molasse, et j'ai trouvé une seule térébratule (*Rhynchonella difformis*) dans le curage argileux, varié de gris, de jaune et de brun, de cette excavation : je n'oserais asseoir une opinion sur ce fait isolé et impossible à apprécier sainement au milieu d'un pareil *magma.*

Je ne saurais dire si les silex à *Faujasia* existent dans toutes les parties du Périgord où la molasse repose immédiatement sur le 1er étage de M. d'Archiac ; mais, en outre du massif de la gauche de la Dordogne qui constitue et avoisine le bassin du Couzeau, on les trouve en égale abondance sur tout le massif qui sépare la Dordogne de l'Isle et que traversent les routes de Bergerac à Périgueux, et de Bergerac à Mussidan ; cette dernière portion du massif est la continuation vers le N.-O. du rivage crétacé de notre grand golfe, — rivage qui présente une allure si caractéristique à Mouleydier et à Creysse. Si donc il était vrai que nos silex à Faujasia n'accompagnassent pas partout le 1er étage, on en pourrait conclure qu'ils appartiennent en propre aux abords de la mer tertiaire, et qu'ils formeraient ainsi une sorte de passage à la fois géologique et zoologique entre les deux époques franchement crétacée et franchement tertiaire. Leur faune a semblé un instant ambiguë à M. Deshayes, à M. d'Archiac ; M. Coquand crée un étage pour la partie la plus superficielle de la craie; M. Leymerie en établit un dans une position analogue : tout cela ne montre-t-il pas que la lumière ne s'est pas encore faite complètement sur la limite réelle, absolue, des deux formations?

Ce qu'il y a de bien certain, c'est que les silex taillés de main d'homme qu'on trouve dans la grotte de Badegol dans le Sarladais, et à Saint-Just aux environs de Ribérac, appartiennent à deux variétés de silex différentes de la nôtre et différentes entr'elles. Ceux de Saint-Just ressemblent à ceux de Périgueux, et ceux de Badegol à ceux d'Aurignac (Hautes-Pyrénées), par la matière comme par la forme.

Ne pouvant donc apporter dans le débat des documents complets et précis sur l'aire de diffusion des silex dont il s'agit, je ne saurais m'empêcher d'insister de nouveau sur ce que leur classement est toujours resté litigieux aux yeux de M. d'Archiac. En 1843 (*Études form. crét.*, 1re part., p. 15), ce célèbre géologue en parle en ces termes : « Tous » les grès quartzeux que nous avons rencontrés depuis Peyrac, sur la » route de Cahors jusqu'ici, nous paraissent appartenir au terrain ter- » tiaire inférieur, ou du moins être plus anciens que la molasse. » Or, ces *grès*, il les a décrits plus haut (p. 13 et 14) au *Touron*, entre Campsegret et Saint-Mamest, et il assimile à ceux-ci (p. 15), ceux qu'il a rencontrés sur la molasse dans le massif qui sépare Bergerac de Mussidan.

Dans ma lettre à la Société géologique (8 juin 1847, *Bull.*, 2e sér., t. IV, p. 1145), je crois avoir montré que ces *grès passant à de vérita- bles silex*, ainsi que s'exprime M. d'Archiac, ces *grès* que leur position sur la molasse lui fait regarder comme tertiaires, ne sont autre chose que mes *rognons de silex*. Je ne pouvais pas, alors, l'affirmer ; mais je le puis aujourd'hui, car depuis lors, j'ai pratiqué dix ou douze fois cette route de Bergerac à Mussidan, où M. d'Archiac les signale, et je la connais assez pour être assuré que tout malentendu est impossible. Donc, M. d'Archiac, d'après leur position géologique *seulement* (car aucun de leurs fossiles ne lui était connu *spécifiquement*), les regarde alors comme tertiaires (1). Mais lorsqu'ils sont connus par leur faune pour

---

(1) Je suis fortement porté à reconnaître nos mêmes rognons de silex dans les *grès* observés par M. d'Archiac dans une position stratigraphique absolument analogue, entre Saint-Georges-de-Didône et Royan, où les couches crayeuses sont « surmon- » tées par un dépôt de sable ferrugineux avec cailloux roulés de silex et de roches

(53)

être décidément *crétacés*, M. d'Archiac, en 1851 (*Hist. des progrès de la géologie,* t. IV, 1re part., p. 461 et 462) revient à la première opinion qu'il avait opposée à la mienne en 1847 (*Bull. Soc. géol.,* 2e sér., t. IV, p. 424), et ne pouvant plus leur reconnaître la qualité *tertiaire,* il ne leur accorde même plus une place *supérieure* dans l'échelle crétacée, et les refoule dans le sein du 1er ou même du 2e étage !

Certes, je n'ai pas la pensée de trouver une occasion de critique dans ce changement d'appréciation : c'est la faune qui l'a commandé, et le célèbre géologue ne devait ni ne pouvait s'y soustraire. Je n'y puise qu'un seul argument, et le voici :

La faune de ces silex est crétacée, et son ensemble la place dans le 1er étage : comme M. d'Archiac, j'obéirai à ses prescriptions, et je ne demanderai plus à séparer lesdits silex de cet étage.

Mais leurs caractères intrinsèques et stratigraphiques avaient porté M. d'Archiac à les regarder comme *tertiaires,* c'est-à-dire *supérieurs à toutes nos craies* périgourdines. Ils en sont donc parfaitement distincts *à un degré quelconque,* et je dois insister pour que cette distinction soit reconnue et consacrée par une désignation spéciale, par une appellation particulière.

J'ai dit, en commençant ce paragraphe, que nos silex doivent avoir été renfermés dans une gangue (crétacée) sablonneuse ou argilomarneuse, et que si cette gangue eût été calcaire, il en subsisterait encore aujourd'hui quelque chose. La preuve de la vérité de cette présomption existe pour moi dans la lecture de tout ce qui a été écrit (je crois du moins avoir consulté toutes les sources) au sujet de cette fraction supérieure de la formation crayeuse. Les auteurs que j'ai pu consulter parlent de *craie* jaune ou blanche, tendre ou dure, assimilable par ses fossiles à la craie de Maëstricht, et personne ne parle des rognons *siliceux,* si éminemment remarquables, qui caractérisent notre

---

» arénacées. On y observe également des grès durs, siliceux, grisâtres, EN ROGNONS » TRÈS-APLATIS, dont le gisement paraît être la base de cette couche de sable, et » qui *appartiendraient à l'époque tertiaire* » (*Étud. form. crét ,* 2e part , 1846, *in Mém. Soc. géol.,* 2e sér , t. II, p 144 (notes relatives à la première partie). Cette assimilation présumée est, à mes yeux, d'une vérité probable au plus haut degré, par analogie avec les jugements semblables, en pareil cas, de M. d'Archiac ; mais je ne puis rien affirmer, n'ayant jamais quitté la falaise de Saint-Georges pour m'enfoncer dans l'intérieur du pays.

(54)

dépôt périgourdin. M. Coquand qui, dans le tome premier de sa Statistique géologique de la Charente (p. 508 à 533), donne des descriptions
géognostiques si détaillées et si soigneusement étudiées, accuse bien,
dans son étage *campanien*, où il place plusieurs de mes fossiles caractéristiques des silex, une immense quantité de rognons siliceux blanchâtres et recherchés pour les empierrements; mais, si ces rognons
eussent le moins du monde ressemblé à nos blocs périgourdins, il n'eût
certainement pas manqué de signaler et leur volume souvent énorme,
et leur richesse paléontologique, et surtout le nom des espèces de fossiles qu'il y aurait recueillies *dans la Charente.* Dès-lors, il n'aurait pas
été réduit à mentionner *en Périgord seulement,* ou en Périgord et *ailleurs* que dans la Charente, des espèces aussi remarquables que le sont,
par exemple, les *Hemiaster Moulinsanus* (Royan et Lanquais), *Avicula
pectiniformis, cœrulescens* et *Perigordina* (Lanquais), *Pholadomya
Moulinsii* (Lanquais), *Mytilus Moulinsii,* dont le vrai nom est *concentricus* Münst. (Lanquais), *Nucleolites crucifera,* qui est maintenant
Trematopygus analis (Couze), *Hemipneustes radiatus* (Lanquais).

On peut, à la rigueur, supposer que ces *huit* espèces existent, mais
sans y avoir été reconnues, dans la Charente; cependant, il me semble
plus juste de croire que, jointes aux caractères intrinsèques des silex qui
les renferment, elles communiquent une physionomie et une valeur
purement locales il est vrai, mais toutes particulières, à nos gros
rognons périgourdins; et de plus, le fait est là : notre craie périgourdine du *sénonien* de M. d'Orbigny, du *campanien* de M. Coquand, NE
CONTIENT JAMAIS DE SILEX, soit gros, soit petits (!). Donc, le dépôt qui a
contenu nos silex n'était pas le même que nos craies sans silex (séno-
niennes ou campaniennes); la conclusion me semble rigoureuse.

Je veux dire tout ce qui est contre moi, comme tout ce qui est en ma
faveur. Ainsi que M. d'Archiac en admettait dès 1846 (*Études sur la
formation crétacée,* 2ᵉ part., in *Bull. Soc. géolog. de Fr.,* 2ᵉ sér., t. II,
p. 134), M. Coquand admet de fréquentes dénudations par dissolution,
dans la craie en général, et spécialement pour son étage *dordonien* qui,
dit-il, ne laisse plus de traces de son existence, dans la Charente, que
sur trois points très-limités (*Statist.,* t. Iᵉʳ, p. 534). Il n'attribue aucun
de mes fossiles caractéristiques à cet étage; et comme son *campanien* en
contient plusieurs, il est certain qu'*à priori,* mes silex sont pour lui du
campanien dont la gangue est fondue, ou bien qu'ils sont équivalents à
son étage *dordonien* qu'il donne ailleurs, plus explicitement, pour

« *correspondant aux bancs supérieurs des carrières de Maëstricht* »
(*Note* de M. Coquand sur son *Synopsis*, etc., *in Bull. Soc. géol. de Fr.*,
2ᵉ sér., t. XVI, p. 952; séance supplémentaire du 4 Juillet 1859). —
D'un autre côté, je ne connais qu'une seule localité, — et c'est précisément MAËSTRICHT — où l'on trouve, *dans la craie*, des moules intérieurs
siliceux et TRÈS-ANALOGUES à ceux de nos rognons, tant sous le rapport
de la pâte que sous celui de la couleur du silex dont ils sont formés
(*Natica rugosa* Hœningh., qui se retrouve dans la craie de Royan, —
Crassatella Bosquetiana d'Orb., voisin mais bien distinct du *C. Marrotiana* d'Orb., de la craie du Périgord, — *Voluta deperdita* Goldf., que
nous n'avons pas retrouvé dans le S.-O., etc.) Cette similitude de pâte et
de couleur, observée par moi-même sur des moules ou rognons luxembourgeois encore enveloppés de leur gangue de craie tendre, est donc
contraire à mon hypothèse, et je n'ai plus en ma faveur que la non-
existence, en Périgord, de moules ou de rognons dans notre craie
campanienne. Mais puisque parmi nos éminents géologues, les uns se
refusent aujourd'hui à admettre l'assimilation de la craie du nord à la
craie du sud de la France, tandis que d'autres regardent cette assimilation comme incontestable, — puisque d'autres encore ne veulent plus
considérer la craie de Maëstricht comme constituant un *étage* distinct,
— puisque quelques-uns, loin de la regarder comme l'assise la plus
supérieure de la formation crétacée, la refoulent pour ainsi dire à titre
de simple lit, dans un puissant dépôt qui renfermerait presque toutes
les Ananchytes connues (en les réduisant à un même type spécifique) et
qui ayant sa base dans la craie de Villedieu (*santonien*), embrasserait
encore les deux étages supérieurs du *Synopsis* de M. Coquand, — puisqu'enfin M. Hébert (*Bull. Soc. géol.*, 2ᵉ sér., t. XX [1862], p. 90-101.)
reprend Meudon et Maëstricht pour les retirer de cette masse énorme et
les replacer tous deux ensemble au sommet de la pyramide crétacée, —
il me sera bien permis, je l'espère, de bénéficier de ces dissentiments
si profonds et si éloignés, paraît-il, de s'effacer dans un consentement
unanime, pour rappeler aux illustres champions des grands combats
géologiqnes, *qu'il faut une place*, si humble qu'elle soit, à ce singulier
et petit dépôt de nos silex périgourdins; car, — je crois l'avoir montré
— ce dépôt n'est ni précisément *ceci*, ni précisément *cela*, et par cela
même il a droit à une mention spéciale, en qualité de *dépôt local*.

Certes, les prétentions que j'ai longtemps nourries à son sujet se sont
réduites à de bien humbles proportions ! De concert avec M. de Collegno,

j'en faisais un *étage* — celui de la craie de Maëstricht, puis ensuite, d'après les idées mises en circulation par M. Desor, celui de la craie la plus supérieure du nord de l'Europe (étage *danien*). Seize années se sont écoulées depuis lors, et les *étages* (nominatifs ou réels) ont été multipliés comme les genres et les espèces en botanique; la *Paléontologie française des terrains crétacés* de d'Orbigny s'est accrue pendant dix ans jusqu'à sa mort; son *Prodrome de Paléontologie statigraphique* a été mis entre les mains des géologues; M. d'Archiac a continué ses magnifiques et fortes études; MM. Coquand, Triger, Hébert, Leymerie, Cotteau, ont introduit dans le domaine public leurs beaux et savants travaux.

Maintenant donc, les déterminations spécifiques de fossiles se sont immensément multipliées, et la paléontologie a rendu son verdict : mes silex périgourdins *n'offrent pas une faune nettement spéciale*; je ne dois donc plus réclamer pour eux la dignité d'*étage*; ils ne peuvent que se ranger modestement dans celui auquel leur faune et leur position stratigraphique les assimilera de plus près.

Cet étage, la majorité bien prononcée de leurs espèces l'a déterminé; c'est le 1er *étage* de M. d'Archiac, lequel 1er étage, en 1843 (*Étud. sur la form. crét.*, 1re part., p. 100), est à ses yeux parallèle à la *Craie blanche du Nord*, — et, en 1846 (*id.*, 2e part., *Appendice; in Mém. Soc. géol.*, 2e sér., t. II, p. 137), est pour lui comme pour MM. Élie de Beaumont, Dufrénoy et Hébert (*Bull. Soc. géol.*, 2e sér., t. XX, p. 97 et 100), parallèle, non plus à la craie blanche du Nord, qui n'existerait point dans le S.-O., mais bien à la *craie jaune de Touraine* qui, dans l'échelle d'ensemble des terrains crétacés, est *infrà-posée à la craie blanche*.

Si l'on veut entrer plus avant dans le détail des démembrements qu'a subis le 1er étage de M. d'Archiac, c'est le *sénonien* et aussi le *turonien* de d'Orbigny; — c'est la *craie blanche* et le *campanien* de M. Coquand, et en même temps, *de préférence* même sous le rapport stratigraphique, son *dordonien*, — enfin, sous le rapport paléontologique, il n'est pas sans avoir à faire quelques reprises légitimes sur son *santonien*; — c'est l'ancien *épicrétacé* de M. Leymerie, dans celles de ses parties du moins qui ont été restituées à la craie, car je ne pense pas qu'en présence des deux espèces incontestables de Rudistes qui s'y trouvent, on puisse conserver une pensée née d'une comparaison d'ensemble *physionomique* proposée verbalement par M. Deshayes — celle de les confonfondre avec le terrain *tertiaire ;* — c'est *actuellement*, en 1862, la *craie* de *Maëstricht* de M. Leymerie (*Bull. Soc. géol.*, 2ᵉ sér. t. XIX, p. 1108); — c'est un étage inférieur *à la craie blanche de Meudon et à celle de Maëstricht* de M. Hébert (*Id.*, t. XX, p. 99), étage qu'il nomme *craie de Villedieu* et qui peut bien contenir quelques-uns de leurs fossiles, mais qui répond normalement au *santonien*, au *campanien* et au *dordonien* de M. Coquand.

Oui, c'est bien tout cela ! mais précisément parce que c'est *tout cela*, ou pour mieux dire *quelque chose à choisir et à préciser dans tout cela*, il est évident que c'est la chose la plus indéterminée, la plus obscure, la plus litigieuse qui soit au monde.

Je n'ai point qualité pour me mêler à ces débats de science *transcendante* en géologie : *Non licet tantas componere,* et je ne veux pas m'attirer le reproche que M. Hébert adresse à M. Coquand qui, dit-il (*ibid.* p. 100), « ..... après avoir divisé un même tout en quatre parties » très-reconnaissables dans la contrée qu'il a étudiée spécialement....., » a eu le grand tort d'élever ces parties à une dignité à laquelle elles » n'avaient aucun droit. »

Le mot *étage* étant justement écarté comme expression d'autonomie, emploierai-je celui d'*assise?* Non, car M. Raulin, dans ses beaux travaux sur l'Aquitaine, a coté ce mot dans l'échelle des valeurs hiérarchiques, en lui assignant la signification d'un *groupe* de fractions moins importantes que lui-même.

Restent les mots *couche, banc, strate, lit,* grades infimes dans la hiérarchie, et qui expriment l'*individualité,* je veux dire l'uniformité de *composition minéralogique* et d'*animalisation* du membre qu'ils désignent. Ils sont tous quatre impropres, en ce sens qu'ils impliquent l'idée d'une continuité, d'une cohésion qui n'existent plus pour nos silex; mais, du moins, ils peuvent être employés par toutes les opinions sans en compromettre aucune, et je crois qu'on peut, en sous-entendant la dissolution de la gangue, employer le mot *lit,* le moins ambitieux, le plus vague de tous, et en même temps le plus approprié par l'usage, puisque tout le monde dit : « Un lit de cailloux »

Mais, à ce *lit,* sur lequel je cherche à attirer l'attention et le jugement définitif des maîtres de la science, il faut *un nom spécial* qui n'engage aucune opinion, un nom indifférent à toutes les fluctuations de classement auxquelles on voudra le soumettre.

Je propose celui-ci : SILEX A FAUJASIA, et par suite, *Craie à Fauja-*

sia, comme on dit *Craie à Bélemnites*. Il a l'avantage, 1° de ramener la pensée sur le fossile évidemment *dominant* et presque exclusivement *caractéristique* de ces silex ; 2° de rappeler que *Faujasia* est un nom générique qui consacre l'identité de l'espèce périgourdine avec celle de Maëstricht, identité que les planches du 6ᵉ volume de la *Paléontologie crétacée*, et surtout les dernières pages de texte écrites par d'Orbigny dans cet ouvrage, mettent hors de doute en distinguant définitivement le *F. Faujasii* du *F. apicialis* ; — 3° enfin, de rappeler aussi que la nature des silex, leur position constamment supérieure au 1ᵉʳ étage de M. d'Archiac, dans l'épaisseur duquel on ne les rencontre jamais, et leur faune qui défend de chercher leur origine dans le 2ᵉ étage (comme M. d'Archiac avait cru pouvoir le supposer en 1847), se réunissent pour rendre indispensable leur classement dans le voisinage *théorique* de la Craie de Maëstricht, soit qu'on les place dans un étage qui serait son représentant dans le Midi de la France, soit que, dans une échelle *générale* des lits, assises, étages et formations de la croûte du globe terrestre, on les fasse entrer dans un des étages *infrà-posés* à cette craie.

Il me reste à mettre sous les yeux du lecteur, comme pièce essentielle du procès, les déterminations spécifiques que feu d'Orbigny a appliquées aux 22 fossiles de nos *Silex à Faujasia*, que j'adressai à la Société géologique, en 1847, et qui existent dans ma collection, avec les étiquettes *autographes* de ce savant justement célèbre et justement regretté.

FAUNE

DES

SILEX DE LA CRAIE A *FAUJASIA* Cʜ. Des M. 1864

SYNONYMIE SPÉCIALE

Silex de la Craie de Maëstricht. H. de Collegno, vers 1843, inéd. — Ch. Des M., Lettre à la Soc. géol. de Fr., *in* Bulletin *id.*, 1847, 2° sér., t. IV, p. 423. — A. Leymerie, Compte-rendu de l'excursion à travers le massif d'Ausseing, *in* Bull. Soc. géol. de Fr., 1863, 2ᵉ sér., t. XIX, pp. 1096-1108.

Silex id. (terrain *danien* Desor). Ch. Des M., *ibid.*, t. IV, pp. 1144-1156.

Silex de la partie supérieure du 2ᵉ *étage de la Craie du Sud-Ouest* (*Craie tufau* de Périgueux). D'Archiac, Bull. Soc. géol., 2ᵉ sér.,

t. IV, p. 424. (Cette attribution ne pouvant subsister en présence
des déterminations de fossiles acquises depuis lors, il faut substituer le 1er étage au 2e.)

22e *étage* (sénonien) *de la Craie*, d'Orbigny, *Prodrom. de Paléont.
stratigraph.*, t. II (1850).

Craie, C. étage campanien. Coquand, Synops. des foss. secondaires
des Deux-Charentes et de la Dordogne (1860).

DÉTERMINATIONS

(sous forme d'étiquettes autographes)

DE FEU ALCIDE D'ORBIGNY

*Reçues de lui en 1854 avec le retour des fossiles desdits silex, que j'avais
soumis au jugement de la Société Géologique, par lettre du 8 juin 1847
(Bulletin id., 2e sér., t. IV, pp. 1144-1156).*

N. B. — Les nos 1 et 2 manquent d'étiquettes autographes de M. d'Orbigny,
parce que les échantillons adressés par moi étant destinés à sa propre collection, il ne me les a pas retournés. Pour ceux-là, comme pour les autres Échinodermes, j'ai emprunté le nom que J'ADOPTE à sa *Paléontologie française*
(*Terrains crétacés*), dont la publication est plus récente que celle du *Prodrome de Paléontologie stratigraphique.*

1. FAUJASIA FAUJASII d'Orb., 1855; Terr. crét., t. VI, 1855, p. 317,
   pl. 923 (à Maëstricht et à Lanquais). — Coquand, *Synopsis*, etc.,
   1860, p. 133 (à Barbezieux et à Lanquais).
   Pygurus Faujasii Agass., 1847, Catal., p. 104. — D'Orb., Prodrom., t. II, 1850, p. 270, no 1182 (à Lanquais seulement).
   Echinolampas Faujasii Ch. Des M., Tabl. syn. d'Échinid., 1837,
   p. 346 (1).

2. HEMIASTER MOULINSANUS d'Orb., 1854; Terr. crét., t. VI, 1855,
   p. 247, pl. 883 (Lanquais, Royan).

---

(1) Je rappelle ici que le riche bloc de silex trouvé par moi dans la molasse, près
du château de Lanquais, le 8 juillet 1836, et dont je donne aujourd'hui la figure,
contenait 26 *Faujasia Faujasii* (no 1), 3 *Hemiaster Moulinsanus* (no 2), 4 *Avicula
pectiniformis* (no 3), et 1 *Pentetagonaster Moulinsii* (no 5); en tout, trente-six
individus de fossiles.

Hemiaster. Moulinsi (d'Orb.) Coquand, Syn., p. 134 (Royan, Lanquais).

Hemiaster Bucardium Desor; Agass., 1847, Catal., p. 123. — D'Orb. Prodrom., t. II, p. 270, n° 1174 (Lanquais), pro parte tantùm ; exclud. loc. Aix-la-Chapelle.

Spatangus Bucklandii Ch. Des M., Tabl. syn. d'Échinid., 1837, p. 396, NON Goldfuss !

3 AVICULA PECTINIFORMIS Geinitz, 1842. — D'Orb., Prodrom., t. II, p. 249, n° 803 (*Étiquette autographe*). — Coquand, Synops., p. 111 (Lanquais). — M. d'Orbigny la signale au plan d'Aups (B.-du-Rhône); à Lanquais; en Bohême, Luschütz, Nacht. Il lui donne pour synonyme *A. pulchella*, Matheron, 1843.

Je l'avais confondue avec une autre espèce de nos silex, assez commune et presque toujours plus petite, que M. d'Orbigny juge très-voisine mais nouvelle, et qu'il nomme, dans le Prodrome, en la signalant à Lanquais seulement :

3bis. AVICULA PERIGORDINA (vox barbara ! rejicienda) (1) d'Orb , 1847 ; Prodrom., t. II, p. 249, n° 796 (Lanquais). — Coquand, Synops., p. 110 (Lanquais). — En me renvoyant, en 1854, ma boîte de fossiles, M. d'Orbigny n'y a placé ni échantillons, ni étiquette de cette dernière espèce. Y aurait-il renoncé depuis la publication du *Prodrome,* et réunirait-il les deux formes sous le nom de *pectiniformis,* comme je les avais réunies en 1846, comme ayant de la ressemblance, quant à la forme, avec l'*A. subradiata* Desh., mais s'en distinguant par le manque de rayons ? Je ne verrais pas, je l'avoue, un grand inconvénient à cette réunion : il est bien rare de trouver des échantillons dont les bords soient assez intacts pour permettre de reconnaître avec sûreté des nuances de forme si peu marquées.

4. AVICULA CŒRULESCENS Nilss. — D'Orb. Prodr., t. II, p. 249, n° 801 (*Étiquette autographe*).—Coquand, Synops., p. 110 (Lanquais).

---

(1) Feu d'Orbigny a maintes fois, par inadvertance, employé ce nom spécifique qui n'est point latin et ne saurait indiquer légitimement que la dédicace d'une espèce à un membre de la maison de Talleyrand-Périgord. L'adjectif *périgourdin* est représenté en latin par plusieurs formes entre lesquelles on peut choisir : *petrocoriensis, petrocorensis, petracorensis, petragorensis,* etc.

J'avais marqué le nom générique d'un point de doute, et signalé quelque ressemblance entre cette espèce et l'*A. anomala* Sow. — L'échantillon est unique. — M. d'Orbigny indique l'espèce à Lanquais et à Lemforde (Hanovre).

5. PENTETAGONASTER MOULINSII d'Orb., 1847; Prodrom., t. II, p. 274, n° 1262 (Lanquais) [*Étiquette autographe* (1)]. — Coquand, Synops., p. 134 (Lanquais). — Cette élégante Astérie n'est connue que par un individu unique, mais qui a fourni, par sa cassure heureusement horizontale, deux échantillons pareils et fort beaux.

6 PHOLADOMYA MOULINSII d'Orb., 1848; Prodrom., t. II, p. 234, n° 479. — Coquand, Synops., p. 108 (à Lanquais seulement pour ces deux auteurs); et, chose rare dans le Prodrome, d'Orbigny en donne une courte description en ajoutant, comme pour quelques autres espèces de ce même envoi : « *Dans les silex.* »

7. MYTILUS CONCENTRICUS Münster; Goldfuss; d'Orb., Prodrom., t. II, p. 246, n° 735 (Haldem, Lemforde); espèce non mentionnée par M. Coquand dans son *Synopsis.*

Cette étiquette *autographe*, reçue par moi en 1854, est une surcharge placée de la main de M. d'Orbigny sur sa détermination primitive et également *autographe*, laquelle portait : « *Mytilus Moulinsii* » d'O. » — D'Orb., 1847; Prodrom., t. II, p. 246, n° 731, avec cette observation : « Espèce voisine du *M. semiornatus*, mais plus large sur » la région anale » (Lanquais). — Coquand, Synops., p. 109 (Lanquais).

J'avais soumis à M. d'Orbigny mon échantillon sous le nom (accompagné d'un signe de doute) de *Mytilus semi-ornatus?* d'Orb., Terr. crét., t. III, p. 279, pl. 344, fig. 9-10, et je regrette qu'au lieu de rapporter le fossile à cette espèce à la figure de laquelle il ressemble

---

(1) D'Orbigny a eu l'intention de retirer cette espèce du genre *Pentetagonaster*, car son étiquette autographe de 1854 porte : « *Comptonia Moulinsii* d'Orb » Ce nom générique a été introduit dans la série animale par un célèbre zoologiste anglais, M. Gray, et le Prodrome de d'Orbigny mentionne une espèce de ce genre dans l'étage cénomanien d'Angleterre. Quant au nom *Comptonia*, il ne devrait pas être conservé dans la nomenclature zoologique, parce qu'il a été consacré par Gaërtner, bien des années avant M. Gray, à un arbuste de la famille des Myricées, et qu'il a déjà donné naissance à un dérivé (*Comptonites*) admis par la Paléontologie végétale.

beaucoup, le célèbre paléontologiste ait cru devoir la rapporter à l'espèce du comte de Münster, car la figure que Goldfuss donne de cette
dernière (pl. 138, fig. 5), est beaucoup plus haute et moins allongée
transversalement que mon fossile auquel elle ne ressemble réellement
point. Peut-être cette figure a-t-elle été reconnue mauvaise, et malgré
la beauté habituelle des planches du *Petrefacta,* il n'est pas impossible
qu'il en soit ainsi: mais il est plus vraisemblable que d'Orbigny a profité
d'un très-mince élargissement de la coquille au côté postérieur pour en
faire une espèce à part, afin que le *M. semi-ornatus* assigné à l'étage
cénomanien, ne reparût pas dans le *sénonien.* On ne ferait plus aujour-
d'hui de ces sortes d'espèces qu'on pourrait dire *nées de la prévention :*
le progrès des études géologiques, et le juste progrès de la rigueur des
déterminations zoologiques s'y opposeraient également.

8. OSTREA VESICULARIS : Telle est la détermination *autographe* que
M. d'Orbigny a inscrite sur l'étiquette d'un échantillon unique,
au sujet duquel on ne peut supposer aucune erreur, puisqu'il est
distingué par les « grosses côtes longitudinales » dont je parlais
dans ma lettre à la Société géologique, sous le nom de « *Modiola*
» ....., dont la forme rappellerait, en petit, le *Lithodomus in-*
» *termedius* d'Orb. » — Cette détermination me surprend bien
plus encore que la précédente ; car, sur 9 figures que contient,
pour l'*O. vesicularis,* la pl. 487 du 3ᵉ vol. des *Terr. crétacés,*
aucune ne laisse voir des côtes longitudinales ; et d'ailleurs, un
moule SILICEUX d'*Ostrea,* engagé dans la roche au point de dé-
montrer la *disparition absolue* du test, me semblerait un fait
complètement *insolite* dans le mode de fossilisation des coquilles
de ce genre. Enfin, j'aperçois sur ce moule une trace d'impres-
sion musculaire placée au côté opposé à celui où elle existe ordinairement chez les Huîtres. — Toute synonymie est inutile pour
cette espèce, que M. Coquand indique *partout* dans son *campa-*
nien, et que M. d'Orbigny indique à Maëstricht.

9. PINNA MOULINSII d'Orb., 1847; Prodrom., p. 246, nᵒ 722' (Lanquais). — Coquand, Synops., p. 109 (Aubeterre, Lanquais).
— Cet échantillon ne se retrouve pas dans la boîte renvoyée en
1854 par M. d'Orbigny, en sorte que je n'ai pas d'étiquette *auto-*
graphe ; mais j'avais heureusement conservé l'un des deux seuls
échantillons que j'aie jamais récoltés, et l'espèce est ainsi représentée authentiquement dans ma collection. — M. d'Orbigny

reconnaît qu'elle est voisine du *P. restituta*, mais [qu'elle est plus étroite et ornée seulement de cinq côtes.

10. INOCERAMUS REGULARIS d'Orb., 1845; Prodrom., t. II, p. 250, nº 814 (Saintonge, Touraine, Périgord [plusieurs localités], Westphalie, Haldem).— Coquand, Synops., p. 111 (Aubeterre, Royan, Neuvic).

Ma détermination a été rendue authentique par le mot « *bon*, » suivi d'un paraphe et inscrit par M. d'Orbigny sur l'étiquette, après avoir souligné le nom que je proposais.

11. INOCERAMUS LAMARCKII Rœmer, 1841; d'Orb., Prodrom., t. II, p. 250, nº 816 (dans 7 départements fort éloignés les uns des autres; Lanquais y est nommé). *Étiquette autographe;* j'avais envoyé, sans nom spécifique, cet échantillon unique pour nos silex. — Coquand, Synops., p. 111 (Juillac-le-Coq, Montmoreau, Lanquais).

12. Coquilles turriculées (*Cerithium* ??). — M. d'Orbigny, comme je l'en priais, a gardé l'échantillon, et m'a seulement renvoyé l'étiquette avec ces mots autographes : « Genre indéterminable. »

13. Contre-empreinte de *Venus?.* — Réponse autographe : « Genre indéterminable. »

14. Un petit fragment, unique, d'Ammonite, auquel j'avais donné, avec le signe du doute, le nom d'*A. Mantelli?* Sow. — M. d'Orbigny a écrit « (NON). Voisin de l'*A. Pailleteanus* d'Orb. » L'espèce, par conséquent, n'est signalée à Lanquais ni par le *Prodrome*, ni par M. Coquand.

« Très-rares fragments de Sphérulites indéterminables. » Telle était ma détermination générale pour *cinq* fragments de Rudistes que j'avais trouvés dans nos silex de Maëstricht, et que j'ai jugé inutile de soumettre à M. d'Orbigny. Cependant, j'en avais récolté deux autres qui valaient la peine d'être examinés, quelque peu d'espoir que j'eusse de les voir sûrement déterminés. Ce sont les nᵒˢ :

15. Qui a reçu cette étiquette *autographe :* « L'espèce ne me paraît pas » déterminable d'une manière positive ; peut-être HŒNINGHAU- » SII? » C'est un birostre de 6 centimètres de long, avec une partie de son test engagé dans une pâte très-dure ;

15bis. Une valve supérieure , de 0,015 millim. de diamètre , et dont l'intérieur seulement est visible. M. d'Orbigny l'a étiquetée : « Radio-
» lites Lapeirousii d'O. » — D'Orb. , 1847 ; Prodrom. , t. II,
p. 260, n° 1003 (Lanquais, Maëstricht). - M. Coquand (Synopsis)
ne mentionne pas cette espèce dans son *campanien* , mais uniquement (et sans l'indiquer à Lanquais) dans son *dordonien* où ,
par un rapprochement que la vue de l'échantillon lui aurait certainement fait juger inadmissible pour mon fossile, il la place au
nombre des synonymes de l'*Hippurites radiosus* qu'il considère
comme caractéristique de cet étage.

Les Échinodermes appartenant à l'ancien genre Nucléolite de Lamarck, étaient au nombre de trois dans mon envoi : ils ne m'ont pas été
retournés , soit par oubli soit par toute autre raison ignorée de moi ; je
suis donc obligé de prendre les déterminations dans les *Terrains crétacés* de d'Orbigny, et je n'ai plus même, en ce moment, sous mes
yeux les échantillons que j'avais conservés dans ma collection : je les
ai prêtés, en 1861, à M. Cotteau , pour la continuation de son grand
ouvrage sur les Échinides du S.-O. Voici leurs noms :

16. Echinobrissus Moulinsii d'Orb. Terr. crétac., t. VI, 1855, p. 394
(sans description , le texte de ce volume s'arrêtant à la page 400),
pl. 961 , fig. 1-5 (Lanquais). — Coquand , Synops.. p. 132
(Charente). — J'avais envoyé cet échantillon sous le nom de
Nucleolites lacunosa Goldf. (ou très-voisin de cette espèce).

17. Trematopygus analis d'Orb. , 1855 ; Terr. crétac. , t. VI , p. 383,
n° 2259 , pl. 952 (environs de Lanquais, Villedieu , Tours, Saint-
Christophe , Ciply).

   Nucleolites crucifera (Morton) Desor in schedul. specimini meo
adfixâ, non verò Mortoniana species, ex d'Orbigny, loc. cit. ,
p 385. — Coquand , Synops, p. 132 (Couze [4 kilom. de Lan-
quais]). M. Coquand a conservé cette assimilation de notre fossile
à l'espèce de l'auteur américain, faute de s'être aperçu que d'Orbigny déduit, aux pages 385 et 388, les raisons qui le déterminent
à considérer l'échinide européen comme distinct de l'autre.

18. Echinobrissus Collegnei d'Orb. 1855 ; Terr. crétac. , t. VI, 1855,
p. 394 (sans description, comme le n° 16), pl. 960, fig. 1-5
(Lanquais). — Coquand , Synops., p. 132 (Aubeterre, Couze).

19. HEMIPNEUSTES RADIATUS Agass. — D'Orb., Prodrom., t. II, p. 268,
  n° 1146 (Lanquais, Maëstricht). — Coquand, Synops. p. 134
  (Lanquais).

  Hemipneustes striato-radiatus d'Orb., 1853; Terr. crétac., t. VI
  (atlas), pl. 802, 803.

  Holaster striato-radiatus d'Orb., 1853; *ibid* (texte), p. 113,
  n° 2122.

L'étiquette adressée par moi à la Société géologique portait seulement ces mots : « *Spatangus*....., échantillon unique, en trois frag-
» ments. » Elle m'est revenue avec ceux-ci : « *Hemipneustes radiatus*
» Agass., » écrits de la main de d'Orbigny, et le développement que ces mots reçoivent à la p. 115 des *Terr. crétac.*, montrent que l'auteur y trouvait l'occasion d'une sorte de profession de foi géologique : « *Loca-*
» *lité*. Dans le 22ᵉ étage sénonien, ou de la craie blanche : des envi-
» rons de Lanquais (Dordogne), M. Des Moulins; de Maëstricht. » Mais on croirait, à la lire, que cette espèce se rencontre dans nos craies du 22ᵉ étage, tandis que je déclare bien formellement ne l'avoir jamais trouvée dans *les calcaires* de notre formation crétacée! Je répète que ces trois fragments du moule et de la contr'empreinte d'un individu unique ont été obtenus par moi en brisant un des blocs du silex qui fait l'objet de la présente étude, et qui gisent sur le sol molassique de la forêt de Lanquais, derrière la métairie que les cartes nomment *Ligal,* et qui est connue aujourd'hui sous le nom de *la Maison Blanche,* le nom de Ligal ayant été transporté à une autre métairie située plus bas et au Nord.

J'ai donné plus haut (dans les généralités du présent article, p. 47), quelques détails de plus sur ce précieux échantillon; je ne les répéterai pas ici.

Les trois fossiles ci-après, au lieu de se trouver, comme le précédent, uniquement dans les blocs de silex, se rencontrent au contraire également, et même bien plus fréquemment, dans les calcaires de notre craie sénonienne ou campanienne, comme on voudra (1ᵉʳ étage de M. d'Archiac).

20 PHASIANELLA SUPRACRETACEA d'Orb., 1842; Terr. crétac., t. II,
  p. 234, pl. 187, fig. 4; Prodrom., t. II, p. 224, n° 267 (Royan,
  Villedieu, Lanquais *dans les silex*). — Coquand, Synops., p. 105
  (Barbezieux, Salles, Lavalette, Criteuil, Royan).

Cette étiquette *autographe*, à laquelle d'Orbigny a ajouté de sa main les mots « de Royan, » remplace le nom *Natica lyrata?* Sow., que je proposais pour cet échantillon unique de la partie moyenne du moule de la spire.

20bis. Natica Royana d'Orb , 1842; Terr. crétac., t. II (1842), p. 165, n° 352, pl. 174, fig. 6; Prodrom., t. 2, p. 224, n° 268 (Royan). — Coquand, Synops., p. 105 (Royan). — Étiquette *autographe* d'un échantillon unique de moule, très-jeune, de *Natica.....,* envoyé par moi sous le même numéro que le précédent. — Dans le Prodrome, d'Orbigny indique cette espèce à Royan, Tours, Le Beausset, Lanquais et Maëstricht. M. Coquand (Synops.) l'indique à Aubeterre, Barbezieux et Royan.

21. Voluta Lahayesi d'Orb. 1843; Terr. crétac., t. II, p. 327, n° 490, pl. 221, fig. 4 (Saint-Christophe [Indre-et-Loire]); Prodrom.. t. II, p. 226, n° 301 (Saint-Christophe, Lanquais, « dans les silex »). — Coquand, Synops., p. 108 (Lavalette, Lanquais). — Cette dernière étiquette *autographe* s'applique à un moule intérieur en silex, incomplet, ainsi que sa contr'empreinte, et aussi (mais avec moins de certitude peut-être, puisque le Prodrome dit « dans les silex ») à deux fragments fort mal conservés de moules intérieurs en craie. Je n'ai jamais trouvé, soit dans le silex, soit dans le calcaire, que ces quatre fragments, et je n'osais affirmer, dans l'étiquette de mon envoi, qu'ils appartinssent à une seule et même espèce.

22. *Cardium* et traces de *Turbo* ou *Phasianella* — Étiquette autographe : « *Espèces indéterminables.* »

22bis. *Trochus* ou *Pleurotomaria*, deux espèces, trouvées à Lalinde; échantillons uniques. — Retournés par M. d'Orbigny, *sans réponse.*

22ter. *Aptychus ???.* — Retourné avec ces mots : «*inconnu*, d'O. »

22[quater]. Arcopagia rotundata d'O.? — D'Orb., 1844, Terr. crétac., t. III, p. 115, pl. 379, fig. 6, 7; Prodrom., t. II, p. 235, n° 500 (Royan, Lanquais, et cette fois sans le signe du doute). — Coquand, Synops., p. 109 (Royan). — *L'étiquette autographe* ci-dessus remplace la simple indication « *Ostrea???*, échantillon unique, » que j'avais jointe à un intérieur de valve fort bien conservé et complètement adhérent au silex par sa face extérieure.

22[quinter]. *Acmœa tenuicosta?* Alc. d'Orb. ; échantillon unique — Réponse autographe : « *Non. Espèce de Fissurelle?* »

22^{sexter}. *Arca affinis?* Dujardin ; échantillon unique. — Réponse autographe : « ???? »

22^{septer}. *a) Belemnites,* ??? échant. unique.
  b) Polypier ??? échant. unique.   ont été retournés sans an-
  c) .... échant. unique.   notation.

Je fis suivre mon envoi d'une sorte de relevé *statistique* des 22 numéros qu'il contenait, et j'en obtins le résultat suivant :

1 Espèce connue uniquement dans les silex en question et à Maëstricht;
5 Espèces connues uniquement dans les silex en question (à Lanquais);
10 Espèces des silex en question, peut-être assimilables à des espèces
    qui se trouvent dans les craies supérieures au néocomien ;
1 Espèce douteuse quant à son gisement ;
5 Espèces indéterminées, des silex en question, et que je n'ai jamais
    recueillies dans nos craies de Périgord.

22

En vertu des documents reçus de M. d'Orbigny, ce tableau synoptique
doit être refait maintenant ainsi qu'il suit, d'après les localités indiquées
par son *Prodrome* et par le *Synopsis* de M Coquand. (*Voir le Tableau
ci-après.*) Dans ce tableau, je désigne abréviativement *Lanquais* par la
lettre L, et Maëstricht par la lettre M.

I. ESPÈCES SIGNALÉES UNIQUEMENT DANS CES SILEX.

Pentetagonaster Moulinsii.
Avicula Perigordina.
Pholadomya Moulinsii.

II. ESPÈCES SIGNALÉES UNIQUEMENT DANS CES SILEX ET A MAESTRICHT.

Radiolites Lapeyrousii
Hemipneustes radiatus.

III. ESPÈCES SIGNALÉES DANS CES SILEX, A MAESTRICHT, ET AILLEURS.

Faujasia Faujusii (L. M. Barbezieux).
Ostrea vesicularis (Partout ! et nominativement à L. et M.).

IV. ESPÈCES SIGNALÉES DANS CES SILEX ET AILLEURS QU'A MAESTRICHT, MAIS DANS UNE LOCALITÉ DÉCLARÉE APPARTENIR AU DÉPOT LOCAL LE PLUS HAUT PLACÉ DANS LA FORMATION CRÉTACÉE.

Avicula cærulescens (L. Lemförde dans le Hanovre).
Pinna Moulinsii (L. Aubeterre).
Echinobrissus Collegnei (L. Aubeterre).

V. ESPÈCES SIGNALÉES DANS CES SILEX ET AILLEURS QU'A MAESTRICHT, A DES NIVEAUX PLUS OU MOINS HAUT PLACÉS DANS LA FORMATION CRÉTACÉE.

Hemiaster Moulinsanus (L. Royan).
Avicula pectiniformis (L. Provence, Bohême).
Mytilus concentricus (L. Haldem, Lemförde).
Inoceramus regularis (L. Périgord, Saintonge, Touraine, Westphalie).
Inoceramus Lamarckii (L. et 7 départements français).
Radiolites Hœninghausii (L. Périgord, Angoumois, Saintonge).
Echinobrisus Moulinsii (L. Charente).
Trematopygus analis (Ciply, Blaisois, Touraine).
Phasianella supracretacea (L. Royan, Villedieu, Barbezieux, Salles, Lavalette, Criteuil).
Natica Royana (L. Royan).
Voluta Lahayesi (L. Saint-Christophe, Lavalette).
Arcopagia rotundata (L. Royan) (1).

Après avoir éliminé les échantillons qui n'ont pu recevoir de détermination spécifique, il me reste à conclure précisément sur un nombre de numéros égal à celui de mon envoi de 1847 à la Société géologique (22) : I, 3 esp. — II, 2 id. — III, 2 id. — IV, 3 id. — V, 12 id. — Total égal, 22.

----

(1) A cette 3ᵉ série devrait être ajouté le *Cyclolites cupularia* d'Orb., 1847 : Prodrom., t. II, p. 275, indiqué à Royan et *dans les silex* de Lanquais par d'Orbigny, et à Barbezieux par M. Coquand, Synops., p. 155; mais, bien que ce soit une 9ᵉ espèce nouvelle, je n'en tiens pas compte ici, parce qu'elle ne faisait pas partie du même envoi, et que je ne possède pas encore la détermination de mes riches tiroirs de polypiers de notre terrain crétacé.

RÉSUMÉ

Sur ces 22 espèces déterminées, 3 sont spéciales et nouvelles, et 5 sont nouvelles sans être spéciales.

Les espèces nouvelles sont donc au nombre total de 8.

Il est de notoriété générale que d'Orbigny faisait souvent (et il ne s'en cachait guère) des espèces *pour les besoins de son système* de localisation par étages, — espèces, par conséquent, sans valeur zoologique. Dans une foule d'autres questions, cette réflexion suffirait pour infirmer la valeur de ce nombre considérable d'espèces nouvelles; mais ici, elle ne peut servir d'argument contre le résultat que j'en tire, car, tout en assimilant aussi complètement que possible — et bien plus complètement que je n'étais en position de le faire en 1847 — la faune de nos silex à celle de Maëstricht, M. d'Orbigny ne créait point d'*étage* pour elles. Loin de là, il les ramenait toutes deux vers le bas de l'échelle, en les englobant dans son étage *sénonien;* donc, il n'obéissait point à une idée systématique, il n'avait nul besoin de créer des espèces et, sauf erreurs possibles de sa part, toutes celles que contient le tableau ci-dessus étaient, à ses yeux, *zoologiques,* — d'où il suit que la faune de nos silex est empreinte d'une nuance assez remarquable de *spécialité* (un peu plus du tiers); et si à ces 8 espèces j'ajoute celles, au nombre de 6, qui sans être nouvelles sont dites spécialement communes à Lanquais, Maëstricht et autres localités qui passent pour *le plus haut placées* dans la série crétacée (*Radiolites Lapeirousii, Hemipneustes radiatus, Faujasia Faujasii, Avicula cærulescens, Pinna Moulinsii, Echinobrissus Collegnei*), j'obtiens le chiffre total de 14 (bien plus de la moitié) pour cette faune à physionomie luxembourgeoise.

Ces résultats, me dira-t-on, sont dus à l'opération connue sous le nom de *groupement des chiffres.....* soit! et je n'en veux nullement abuser; mais je crois que cette remarque a droit d'être comptée pour quelque chose.

Passons à un autre ordre de considérations, à un autre mode de groupement des chiffres. Celui-ci me sera moins favorable que le premier, et rachètera ce qu'on y pouvait trouver d'excessif dans la tendance dont je ne me défends pas et qui me porte à faire ressortir les ressemblances très-particulières de notre faune avec celle de Maëstricht.

Sur 22, *trois* espèces seulement ne sont connues jusqu'ici que dans nos silex. La troisième se trouve même aussi, bien que rarement, dans nos craies, et la première n'est connue que par un spécimen parfait, mais unique jusqu'à ce jour.

Sur 22, *deux* espèces seulement ne sont signalées par d'Orbigny et M. Coquand que dans nos silex et à Maëstricht, et la première n'est jusqu'ici représentée chez nous que par un seul échantillon.

Sur 22, *deux* espèces seulement sont signalées à Lanquais dans nos silex, à Maëstricht, et ailleurs encore.

Sur 22, enfin, *quinze* espèces sont signalées à Lanquais dans nos silex, et ailleurs, mais non pas nommément à Maëstricht.

Ce résultat est évidemment contraire à l'assimilation des deux faunes, car je n'ai en sa faveur que le témoignage de 7 espèces sur 22, et les 15 autres déposent en faveur de mes savants contradicteurs.

Il serait pourtant juste, peut-être, de faire passer dans la série n° III, c'est-à-dire de mon côté, les espèces des deux séries suivantes, qui se rencontrent dans des terrains qu'on avait coutume d'assimiler à celui de Maëstricht, avant qu'on eût enlevé à celui-ci sa réputation d'autonomie. Elles sont au nombre de 3 (*Avicula cærulescens* de Lemforde en Hanovre ; *Mytilus concentricus,* de Lemforde ; *Trematopygus analis,* de Ciply), ce qui, portant à 10 le nombre qui m'est favorable, le laisserait pourtant inférieur à la moitié.

Parmi les dix espèces qui, de cette façon, déposeraient dans le sens de la ressemblance, il n'en est que *trois* que leur fréquence permette de considérer comme dominantes. Parmi les douze espèces qui lui sont contraires, une seule (*Hemiaster*) est dominante dans nos silex ; les deux autres sont le *Faujasia* et l'*Avicula Perigordina,* et de chacune des trois j'ai bien vu de cinquante à cent individus, si ce n'est davantage, pour le *Faujasia* surtout, que quelques blocs renfermant à l'état de fragments hachés comme les éléments d'un nougat ; j'en ai conservé un beau spécimen dans ce curieux état.

Mais voilà bien assez de statistique puisée dans les deux auteurs dont j'ai employé, à cet effet, les travaux. Les publications plus récentes, des déterminations plus nombreuses et des recherches ultérieures pourront bien modifier, dans un sens ou dans l'autre, ces résultats ; mais je les prends tels quels, et je reconnais qu'en présence de ces chiffres, de leurs groupements et de l'opinion formellement exprimée par des hommes d'un savoir éminent, un ancien mais obscur soldat de la science doit s'interdire le vœu trop ambitieux d'assurer à sa faune protégée la dignité d'*étage* et même celle d'*assise*. Mais, dans le rang modeste de simple *lit* et de témoin d'un dépôt *local* dont l'aire est assez étendue pour appeler le regard des géologues, les *silex de la* CRAIE A FAUJASIA demeureront toujours forts de l'uniformité de leur nature et de leur composition, — de la constance de leur position stratigraphique dans les dépôts meubles dont est recouverte la craie du 1er étage de M. d'Archiac, — de leur absence complète dans l'épaisseur même de cette craie, — enfin de la physionomie, très-certainement digne d'être remarquée, de leur faune.

Viendront alors les auteurs classificateurs, les législateurs de la science, qui, chacun selon l'ensemble de ses vues, les placeront ici ou là, plus haut ou plus bas, dans telle assise ou dans tel étage, jusqu'à ce que le temps vienne à son tour, législateur suprême, réunir dans un commun accord des appréciations encore si dissidentes à l'heure où j'écris, et assigner à nos silex une place *quelconque,* mais à laquelle personne n'aura plus désormais la pensée de les arracher.

FORMATION TERTIAIRE, ÉOCÈNE

§ IV. — **Molasse** (**d'eau douce**).

La Molasse est, sans contredit, le membre le plus intéressant, le plus curieux de nos terrains. Elle n'a pas l'uniformité d'aspect et de composition des 1er et 2e étages de nos craies : elle n'en a pas non plus la masse, et moins encore l'intérêt paléontologique ; mais son étendue est immense. Elle couvre, comme un manteau, une part très-considérable du vaste bassin aquitanique ; elle s'approche beaucoup de son rivage jurassique sur la route de Bordeaux à Poitiers, et je ne voudrais ni nier, ni affirmer *positivement,* après un passage trop rapide, l'opinion que ce passage m'avait suggérée et qu'un géologue tourangeau, en 1847, partageait avec moi, — à savoir que la molasse se montre jusque sur les bords du bassin de la Loire.

Mais je dois me renfermer dans la circonscription que j'ai choisie, et là, nous n'avons aucune trace d'une seconde espèce de molasse, supérieure aux calcaires marins miocènes sous lesquels passe la nôtre dans le Fronsadais et le Cubzaguais, — molasse supérieure que la Société Linnéenne, dans son excursion annuelle de 1863, a étudiée à la butte de La Beylie, près Rauzan, dans l'Entre-deux-Mers (l'un des trois ou quatre points les plus élevés [112^m] du département de la Gironde), sur une indication de notre collègue M. A. Paquerée.

J'ai dit que notre molasse n'offre pas d'intérêt paléontologique. Je dois dire plus : si riche dans le Libournais en fossiles de l'époque paléothérienne, sa pauvreté, en Périgord, est *absolue* quant à la zoologie, à moins que l'individu *unique* de *Terebratula difformis* que j'ai signalé dans les argiles des Pailloles ne soit venu s'égarer chez elle ; et alors encore, il lui serait aussi étranger que le contenu zoologique des silex à *Faujasia*.

Sous le rapport végétal, elle est moins riche que ces derniers ne le sont en fossiles marins ; mais du moins le peu de fossiles qu'elle contient lui appartient en propre. Ils se composent d'une ou de deux espèces de feuilles de dicotylédones qui semblent être du genre Saule, et de fragments aplatis (gaines de feuilles ou tiges) de monocotylédones. Encore ces restes de végétaux sont-ils rares ; on les trouve dans les grès de Creysse et des vallons voisins en allant vers la Mongie-Montastruc ; et le mieux, pour s'épargner des recherches trop souvent inutiles, est de chercher ces échantillons parmi les chargements de pavés tout taillés qu'on expédie de Creysse à Bordeaux.

Les grès sont très-disséminés dans la molasse, et l'on peut dire qu'ils en constituent une portion fort minime. Dans le bassin du Couzeau, je ne les trouve en masse un peu importante que sur la pente orientale du petit vallon dit le *Bois-Redon*, dans la forêt de Lanquais. C'est une espèce de banc brisé, ou mieux un cordon de très-gros blocs entassés sur deux ou trois rangs, placé à mi-côte et saillant sur ce qui reste du sol molassique. Le grès y est grossier et peu dur, impropre à l'exploitation en pavés, fortement ferrugineux, d'un brun-rougeâtre très-foncé. Quand on aperçoit ce gissement à moitié caché dans le taillis, on croit d'abord avoir affaire à quelque dolmen bouleversé ; mais un court examen fait bien vite évanouir cette illusion archéologique. Ce n'est pas que la roche soit, en elle-même, impropre à pareil emploi, car je connais dans nos environs plusieurs monuments celtiques qui, en tout ou en partie, en sont formés, et cela dans des lieux où il n'existe pas de traces de la molasse.

Je citerai particulièrement : 1° la *Tranche de Saumon* (*la Tronce* de la carte de l'État-major), parallélipipède de grès de Creysse, un peu rougeâtre, maintenant couché au bord d'un champ, le long du chemin rocheux et à peine viable pour les chars à bœufs, qui va de Lalinde à

Baneuil et à Cause-de-Clérans. Ce bloc est à mi-côte (90ᵐ), vis-à-vis et à l'ouest de la vieille petite église de Saint-Sulpice (70ᵐ), dont il est séparé par un petit vallon sans eaux régulières. Il provient évidemment de la molasse de la forêt de Mouleydier ou des vallons parallèles à la Dordogne, qui s'étendent de Liorac à la Mongie-Montastruc, au N. de Cause-de-Clérans, c'est-à-dire qu'il a été porté là d'une distance de 8 à 10 kilomètres au moins. Sa longueur est de 4ᵐ 45ᶜ; largeur, 1ᵐ 08ᶜ; épaisseur, 0ᵐ 80ᶜ à l'un des bouts; elle est sensiblement plus forte à l'autre;

2° Plusieurs blocs de grès ferrugineux, faisant partie de deux des dolmens dont une série, composée de *huit* de ces monuments, s'étend de Faux à Beaumont (de l'O. à l'E.) sur le terrain de calcaire d'eau douce du plateau d'Issigeac. L'un des blocs appartient au dolmen de Blanc (153ᵐ), le plus considérable de tous, déjà décrit par Jouannet, et qui serait détruit depuis peu, sans la généreuse intervention de MM. de Constantin et Charles Foussal, tous deux habitants de Beaumont. Le premier de ces deux messieurs a définitivement sauvé le dolmen, en l'achetant ainsi que le petit promontoire incultivable sur lequel il se dresse.

Je reviens au grès du *Bois-Redon,* qui se retrouve, mais moins ferrugineux et *non en place* mais en très-petits blocs et fragments épars, à peu près au même niveau, à 2,000ᵐ à l'O., dans une autre partie de la forêt de Lanquais (croupe boisée, dite la *Petite Forêt,* qui forme le flanc gauche du vallon du Couzeau, et vient aboutir au lieu dit Ligal, d'où part le vallon qui monte à la grande forêt et aux Pailloles (150ᵐ approxim¹). Il est à remarquer que la couronne de grès ferrugineux du Bois-Redon, inférieure d'une trentaine de mètres au sommet de la Peyrugue (130ᵐ approxim¹), laquelle est à son tour inférieure d'une vingtaine de mètres au bord du plateau de meulières des Pailloles (150ᵐ aproxim¹), est sensiblement au même niveau qu'un affleurement de calcaire blanc d'eau douce qui se montre à 1,600 mètres vers l'Ouest, sous le château de Verdon, inférieur lui-même d'une trentaine de mètres au village de ce nom (120). J'en conclus que les grès du Bois-Redon sont à 90 mètres.

Le deuxième membre à mentionner dans la formation de la molasse, se compose de ses sables, qui en sont la partie la plus souvent visible au jour. Ils sont blancs, jaunes ou rouges, parfois violacés, et capricieusement mélangés à ses argiles dont les couleurs sont les mêmes.

Feu l'abbé Paramelle nous avait marqué, dans le jardin potager de

Lanquais, au bord de la *cavaille* (1) qui suit le thalweg du vallon *des Oliviers*, l'emplacement où nous devions creuser pour trouver un filet d'eau à 5 mètres de profondeur, et un courant plus considérable à 10 mètres. Nous trouvâmes en effet *le filet* à la profondeur dite, dans les sables et les argiles fortement colorés de la molasse; mais il nous parut si mince que, notre inexpérience aidant, nous eûmes plus de confiance qu'il n'aurait fallu dans la promesse d'un homme après tout fort remarquable par la fréquente justesse de ses calculs, — et pour trouver mieux, nous poussâmes l'excavation jusqu'à 12 mètres. Nous ne trouvâmes pas le courant d'eau promis, et nous n'atteignîmes pas la craie du 1er étage. Mais pendant ce temps, le filet d'eau de l'abbé Paramelle faisait consciencieusement son office à 5 mètres : il minait rapidement nos sables et dissolvait nos argiles. Des éboulements insignifiants d'abord, puis menaçants, puis réellement dangereux pour les ouvriers, se manifestèrent, et malgré les étançonnements et les palissages, le gouffre s'agrandissait sans cesse et atteignait une vingtaine de mètres en long comme en large. Il fallut passer des journées entières, des nuits même, pour arrêter les progrès du mal. Les éboulements ne surplombant plus, on commença à combler le gouffre, tandis qu'on bâtissait une cuvette de puits en maçonnerie. Des masses de *bourrées* (fagots de chêne avec leurs feuilles), des quantités considérables de pièces de bois et de planches qui avaient servi aux travaux, et tous les matériaux jectisses suffirent à peine à ce comblement, qui s'élevait en même temps que la maçonnerie du puits, auquel on ménagea une petite entrée pour le filet d'eau et un écoulement plus petit encore. — Voici les résultats nets de cette recherche du *mieux*, si imprudente quand on tient le *bien*, sans parler de nos inquiétudes pour les puisatiers et de nos nuits blanches :

Douze cents francs de dépense sèche, en outre des bois et fagots engloutis;

Un puits rempli, en toute saison, de 9 à 10 mètres d'eau non potable, mais abondamment suffisante pour l'arrosement du jardin ;

La certitude acquise que 4,000 mètres cubes de molasse (argile ou sable) ne contenaient pas un seul fossile ;

---

(1) *Cavaille* est, en Périgord, le nom vulgaire du fossé habituellement sans eau, qu'on creuse ou qui s'est creusé naturellement, pour recevoir les eaux pluviales, dans le thalweg des vallons qui n'ont pas de cours d'eau régulier. En temps d'orage, les *cavailles* deviennent des torrents.

La certitude acquise enfin, qu'abstraction faite de 2 mètres de terre
végétale, nous avions percé, sans atteindre la craie qui ressort au jour
à cent pas du thalweg, à droite comme à gauche, 10 mètres de molasse
dans le fond d'un vallon sans eaux extérieures régulières, — vallon
dont le sol n'a, au plus, que 5 à 6 mètres au-dessus du sol de la vallée
du Couzeau, lequel coule à 100 mètres de là, séparé des *Oliviers* par
un promontoire de craie. Au reste, il ne faut pas croire que notre forage
de Lanquais donne une idée même approximative de la puissance de la
molasse en Périgord, car M. le vicomte d'Archiac (*Étud. form. crét.,*
1re part., p. 15) lui a reconnu, entre Bergerac et Mussidan, l'imposante
épaisseur de 60 à 80 mètres.

Les sables de la molasse ne contiennent point de cailloux ou de fragments calcaires, ce qui prouve à quel point le lavage de la surface de la
craie avait été exactement opéré avant son dépôt, sauf les gros rognons
de silex à *Faujasia* que nous y retrouvons aujourd'hui, ou dont nous
retrouvons les débris *postérieurement fragmentés,* ce me semble, dans
les dépôts plus récents. Si l'élément calcaire existe dans les sables et
dans les argiles **de notre** molasse, c'est à coup sûr en quantité très-
minime. Ces sables sont fort souvent graveleux, et leurs graviers ressemblent à ceux de nos cours d'eau modernes, en ce que ce sont de petits
cailloux parfaitement roulés et tous de quartz (en général hyalin amor-
pha). Ce qui les distingue de ceux de notre *diluvium,* c'est qu'ils ne
montrent ni fossiles silicifiés de la craie, ni fragments de meulière et
par conséquent de silex résinoïdes. Ce qui les distingue des alluvions
quaternaires, c'est qu'ils ne renferment ni calcaire, ni silex, ni produits volcaniques.

Nous avons, dans la commune de Lanquais, deux gisements très-
remarquables de ces sables de la molasse. L'un d'eux, regardant le
N., est placé au S. du bourg de Lanquais, dans la berge d'un vallon
sans eau, qui descend du gros côteau dit *la Peyrugue.* Ce petit escarpement, d'une cinquantaine de mètres de long sur un à deux mètres d'é-
paisseur, est très-pur, lardé de silex à *Faujasia,* et offre les couleurs
les plus magnifiquement rouges, jusqu'au *sang de bœuf* et au *lie de vin*
violacé, surtout lorsqu'il est mouillé. Un peu au-dessus de cet escarpement et dans le thalweg du vallon, on a poussé, dans une molasse
semblable et sans trouver ni l'eau ni la craie, à 8 mètres de profondeur,
un puits dont l'emplacement avait été choisi par l'abbé Paramelle : le plus
souvent, ses choix étaient plus heureux.

L'autre escarpement occupe l'extrémité Est d'un assez grand plateau de forme triangulaire qui sépare le vallon du Couzeau de celui du ruisseau sans nom qui parcourt le vallon de Saint-Aigne. Il est éminemment pittoresque et situé près de la métairie de *la Graule* (55^m approxim^t); on le nomme dans le pays le *Trou de la terre*. C'est une coupure presque verticale, de 4 à 10 mètres de haut sur 60 à 80 de long, regardant l'Est, et très-pure comme la précédente, mais plus sèche et moins mélangée d'argile. Le sable y est blanc, rarement jaune, plus rarement encore panaché de rouge et de violet quand quelque veine de nos argiles *sanglantes* vient le colorer. Il ne contient point de cailloux roulés, ou ceux-ci, de couleur blanche, sont réduits à l'état de très-menu gravier. — Quand le temps est sec, ce grand escarpement est pâle; après les pluies et quand le soleil le colore, il devient très-beau. Malgré sa puissance, on ne l'exploite point, non plus que les autres gisements que je connais des sables de la molasse.

L'escarpement du *Trou de la terre* occupe à peine le tiers inférieur de la pente très-rapide du côteau. Toute la partie supérieure (épaisse de 20 mètres environ) est formée par un *diluvium* rouge et jaune en bas, gris en haut et d'une épaisseur considérable, pétri d'une quantité immense de cailloux roulés et dont je parlerai avec plus de détail dans un des articles suivants. Je dois me borner à dire ici que c'est dans ce diluvium qu'a été ouverte, il y a peu d'années, la gravière qui surmonte immédiatement l'escarpement mollassique : elle a été abandonnée parce que le transport de la grave jusqu'au chemin de Lanquais à Mouleydier était trop long et trop dispendieux. Le plateau qui couronne l'escarpement molassique et diluvien que je viens de décrire ne laisse apercevoir l'ossature crayeuse dont sa charpente intérieure est formée, qu'au bas de la pente qui borde le ruisseau au village de Saint-Aigne (50^m approxim^t).

Le troisième membre de la molasse, c'est l'argile, et je n'ai pas grand'chose de particulier à en dire, si ce n'est qu'elle alimente de nombreuses tuileries placées sur les plateaux (aux Roques, à Loïs-Delbos, commune de Lanquais; à la Boissière, commune de Clérans, rive droite de la Dordogne), et même bien plus bas (Monbrun, commune de Verdon, et Monsagou, commune de Varennes, sur les pentes du 1er lit). Elle est percée sur ses pentes, de milliers de trous d'un à deux mètres de profondeur, pour l'extraction de la mine de fer. Je reviendrai tout-à-l'heure sur ce dernier sujet, assez important pour être traité à part.

Le jaune-brunâtre est, d'ordinaire, la couleur des argiles de la molasse. Le blanc-bleuâtre, le gris, le violet et surtout le rouge sang-de-
bœuf s'y montrent également. Elles sont parfois sableuses, puisqu'elles
sont mêlées sans aucun ordre aux sables, mais elles ne contiennent que
peu ou point de cailloux roulés. De même, que les sables du *Trou de la
terre,* elles deviennent splendides quand elles sont mouillées, et c'est là
ce qui les fait reconnaître de loin quand les restes de ce dépôt rongé par
tant de courants divers, subsistent encore enchâssés dans des enfoncements exigus, dans des recoins écartés des bancs crayeux : cela se voit
sur le promontoire qu'occupe le château de Lanquais (au Nord et au
Midi), et bien mieux encore sur l'escarpement qui domine le bourg de
Mouleydier (rive droite de la Dordogne). Il y a là une sorte de déchi-
rure vivement colorée, qui vient de la forêt de Mouleydier et doit verser
un torrent dans la vallée en temps d'orage : on la voit non-seulement
de la grande route, mais encore de plusieurs kilomètres de distance sur
la rive gauche.

Voici la description très-exacte, prise sur place en octobre 1829, d'une
de nos plus belles localités pour les argiles de la molasse. J'aurais pu
la citer à propos du gisement normal des silex à *Faujasia* dans l'épaisseur de cette couche ; mais les exemples en sont si nombreux que j'ai
mieux aimé placer celui-ci dans ce paragraphe.

Le plateau *des Roques,* commune de Lanquais, est formé d'une puissante calotte de molasse principalement argileuse, très-riche en couleurs, et dont l'exploitation alimente la tuilerie de ce nom : on peut,
je crois, évaluer à 5 ou 6 mètres son épaisseur moyenne. On monte du
vallon du Couzeau au plateau des Roques, par un petit ravin de 5 à 600
mètres, sans eaux régulières, qui devient un torrent aux heures d'orage,
et qui débouche dans ce vallon au flanc nord du massif de craie du
1er étage dans lequel sont ouvertes les belles carrières du *Roc de Rabier.*
L'ascension, de l'O. à l'E., est excessivement raide, et les chars à
bœufs, seuls, y peuvent cheminer. La berge nord du ravin ne montre
absolument que des rochers et des fragments de craie, et il en est de
même de la berge sud, jusqu'au-dessus du *toit* des carrières de Rabier
(20 mètres environ) ; mais à partir de là, cette berge est formée par un
éboulis de molasse argileuse rouge, violette, jaune, blanche, disposée
par nids ou par veines, et qui, ne laissant voir qu'accidentellement des
fragments crayeux dus à l'exploitation et aux bâtisses du voisinage, est
très-riche au contraire en rognons entiers et en fragments de silex à

Faujasia. Un ravin de second ordre, descendant du S., et d'un accès fort malaisé hors des temps de longue sécheresse, est entièrement creusé dans cette vaste dénudation molassique, et vient rejoindre le thalweg du ravin principal.

A 5 ou 600 mètres au S. de la tuilerie des Róques, on a ouvert depuis peu, sur le point culminant du même plateau, une exploitation qui, de loin, m'a paru bien plus vaste et plus colorée que l'ancienne : le temps m'a manqué pour aller la visiter.

J'ai à peine besoin de dire que, lorsqu'elle est à nu, la molasse en général (sables ou argiles) n'offre que de tristes terres arables. On y fait bien venir quelque chose, avec du fumier, — de la vigne surtout et des prés quand l'argile domine, de maigres céréales quand c'est le sable. Dans ce dernier cas, ce qui y vient très-bien, et sans fumier, c'est le châtaigner, c'est le chêne. Tout cela est naturel et ne demande aucune explication, car l'élément calcaire fait défaut. Ce sont des terres en quelque façon *boulbènes*, parce qu'elles tiennent beaucoup de sable ; mais elles manquent de souplesse comme de sucs ; elles sont dures et difficiles à labourer, froides, aigres, donnant naissance aux méchantes herbes plus volontiers qu'aux bonnes, et le tranchant du soc qui les polit à la manière des glaises, permet à l'air et au soleil d'en faire bientôt des sortes de briques crues, qu'il faut briser.

Et néanmoins, il ne faut pas être ingrat envers la molasse : elle joue un très-grand et très-utile rôle dans nos sols arables. Nos craies ont été si violemment, si parfaitement dénudées que, sans la molasse, il n'y aurait pour ainsi dire pas de terre en Périgord. En premier lieu, elle s'améliore elle-même par elle-même : sable pur ou argile pure, elle ne produit rien ; sable mêlé à l'argile, elle donne quelque chose.

Mêlée à l'élément calcaire, aux alluvions grasses ou chimiquement fertilisantes parce qu'elles sont de nature variée, elle donne de bonnes terres à blés, de bonnes prairies à regains et même d'excellentes terres à maïs. Sa position providentielle sur les hauteurs la met au service de tous les terrains qui l'ont suivie. En effet, on la trouve dans le fond des vallons supérieurs, mais jamais au-dessous du 1ᵉʳ lit de la Dordogne, d'où elle a été arrachée vers les commencements de l'époque actuelle, pour aller porter son tribut de masse et son tribut d'éléments sablonneux et argileux, à ces immenses et riches terrains d'alluvions où coulent aujourd'hui, majestueuses et fertilisantes, la basse Dordogne, la basse Garonne et la Gironde.

Ces grands résultats ont été obtenus à la fin des temps géologiques par le *diluvium* qui est l'alluvion la plus ancienne de toutes — lorsque le premier lit de la Dordogne a été approfondi dans le manteau de molasse dont la partie supérieure, dissoute et enlevée, a été remplacée par des terres et des limons de toute nature et venant de très-loin, et aussi par les débris de plateaux ou de sommités de la craie dont nous retrouvons les menus fragments en abondance plus ou moins grande *dans cette zone supérieure seulement*. J'ajoute que les fragments crayeux pourraient n'avoir été apportés là que par le *déluge historique;* toujours est-il que ces terres du 1er lit sont excellentes et très-fertiles.

Au niveau du fond du 2e lit, il n'y a plus de molasse; tout a été emporté, et l'alluvion sableuse ancienne, avec débris de roches ignées, est venu s'asseoir sur la craie absolument nue, comme les terres *étrangères* du 1er lit étaient venues s'asseoir sur la molasse absolument nue ou sur la craie absolument dénudée. Mais depuis que l'alluvion du 2e lit a été deposée, les pluies et les éboulements y attirent incessamment des éléments nouveaux arrachés à la molasse et aux terres fertiles, et toujours plus ou moins argileuses, qui la surmontent. Tout se mêle ainsi peu à peu, et s'améliore en se mêlant.

Pour en finir avec les argiles de la molasse, j'ai à dire qu'elles sont exploitées, pour les tuileries, *à ciel ouvert,* et qu'elles fournissent des tuiles d'excellente qualité, des briques et des carreaux, le tout de couleur plus ou moins claire. Quand les tuiles sont d'un rouge très-intense, en Périgord, c'est un signe de mauvaise qualité; et en effet, toutes nos argiles de la molasse ne sont pas bonnes pour en faire : dans la commune de Lanquais, qui est assez étendue, il n'existe qu'une tuilerie (sur le plateau *des Roques*). Il en existait jadis une autre, dans la plaine du 1er lit, à Monsagou, commune de Varennes, au débouché de la *cavaille* qui avait dû y déposer une masse considérable de molasse remaniée venant des hauteurs de la forêt de Lanquais; mais ce gisement s'est épuisé : ce n'était qu'un *entrepôt* de matière, et la tuilerie a cessé, de nos jours, de fonctionner.

J'arrive enfin à l'*appendice* de la molasse, aux *minerais* de fer (hydroxide). Dans son *Mémoire sur les terrains du S.-O. de la France*, M. Dufrénoy les classa dans le *diluvium,* trompé qu'il fut par l'existence dans ce terrain, d'un certain nombre de gisements de qualité fort inférieure, que les gens du pays savent fort bien distinguer — les acheteurs surtout, qui paient alors le minerai moins cher.

Mais il suffit d'avoir habité le pays, de l'avoir pratiqué, d'y avoir chassé ou herborisé, surtout d'en avoir vendu les produits, pour être bien convaincu que la masse de nos minerais de fer gît réellement *dans la molasse.* Après cela, serait-il juste de reprocher à l'illustre géologue que je viens de nommer une attribution qui n'est *peut-être* erronée qu'*en fait* et qui pourrait être vraie *en théorie*? Je m'explique :

Je ne vois point de mine de fer dans le riche gisement d'argile très-pure de la molasse, qui alimente, sans épuisement probable avant bien longtemps, la tuilerie des Roques; et d'un autre côté, je l'ai déjà dit, les trous à mine sont bien peu profonds. — Serait-il possible que les eaux du *diluvium* eussent apporté la dissolution ferrugineuse, qu'une partie de celle-ci se fût condensée tant bien que mal et établie dans l'épaisseur du dépôt diluvial, et que la majeure partie, réussissant à s'infiltrer dans le dépôt même de la molasse, à la faveur de ses sables ou des interstices de ses masses argileuses, y eût acquis une qualité supérieure? Je puis bien poser la question, qui m'est inspirée par la grande confiance que commandent les jugements de l'illustre collègue de M. E. de Beaumont; mais je n'ai aucun moyen ni aucun droit de la résoudre. Je dois dire seulement que si, dans les terrains que j'ai étudiés, j'ai des traces évidentes et même assez volumineuses de *poudingues ferrugineux* empâtant des cailloux roulés du *diluvium,* je n'ai présent à la mémoire aucun gîte de minerai de fer dans l'épaisseur même du *diluvium,* tandis que je les vois, dans la molasse, encore une fois, par milliers; et c'est là en effet que les placent, sans hésitation, M. Delbos (*loc. cit.,* p. 257 des Mém. Soc. géol.), M. Raulin (*Age des sables et minerais de fer,* etc., p. 185), et même en réalité M. Gosselet, bien que le mot *molasse* n'ait pas pour lui la signification précisément limitée que nous lui accordons tous trois. Le point de départ commun des travaux de ces trois géologues — les belles *Études sur la formation crétacé*e de M. d'Archiac (1re partie, 1843), fournit, en faveur de mon assertion, un témoignage plus explicite encore, puisqu'il est plus éloigné de l'opinion exprimée par Dufrénoy. M. d'Archiac, en effet, dans sa Coupe de la rampe de Beaumont, page 9, bien loin de confondre nos minerais de fer avec le niveau stratigraphique du *diluvium,* les inscrit sous le n° 4 de son échelle du terrain tertiaire, c'est-à-dire *à sa base,* et les regarde ainsi comme séparés du *diluvinm* par toute l'épaisseur (28 mètres) de la molasse et du calcaire blanc d'eau douce du Périgord. Évidemment, cette *séquestration* dans une position si basse est exceptionnelle : le dépôt ferrugineux se rencontre à toutes les profondeurs dans la molasse (!).

Il existe dans nos environs, des espaces de terrain parfois considérables et tellement pénétrés de fer, qu'on pourrait les appeler des masses de minerai grossier. Telle est une croupe élevée que traverse l'ancien chemin de Lanquais à Beaumont, dans la direction N.O.-S.O. Cette croupe, couverte de taillis maigres de chêne croissant sur la craie presque nue, puis d'une molasse argileuse fortement colorée où la vigne vient bien et en abondance (au domaine de *La Vergne*), montre pendant un trajet de 2 à 3 kilomètres un sol de plus en plus ferrugineux, brun-jaune ou brun-rouge (à *Caillade* surtout, 169^m), où l'on ne voit pour ainsi dire au lieu de cailloux que des blocs et des fragments de minerai grossier, de minerai pisolitique et de grès ferrugineux. Ce massif énorme appartient évidemment non au diluvium mais à la molasse, à laquelle il fait suite depuis qu'on a quitté, à *Boyer* (170^m approxim^t), la commune de Lanquais pour entrer dans celle de Bayac (à *La Vergne* où le minerai *pisolitique* est magnifique, et à *Caillade*). De ce dernier village (157^m au lieu dit *Rolland*), on descend dans le vallon crayeux de *Peyrou,* où gisent de nombreux et énormes blocs de craie à *Hippurites radiosus* et *Lamarckii?* (d'une conservation extérieure admirable, ayant pour la plupart leur valve supérieure en place, et formant des groupes de 2 à 5 individus soudés comme des huîtres). Cette craie (qui appartient à l'étage *dordonien* de M. Coquand), d'une couleur jaune-brunâtre très-foncée, est d'une excessive dureté et d'une structure fréquemment spathique et cristalline, ce qui semblerait indiquer des infiltrations à la fois siliceuses et ferrugineuses, dont la molasse renferme tous les éléments.

Il m'est impossible d'énumérer, même approximativement, les localités où, dans nos environs, on a creusé des trous de mine. Je me bornerai à citer, pour la commune de Lanquais : un grand nombre de points dans la forêt et notamment à *Ligal,* près de sa bordure nord, à la Graule, au Pech-Nadal, à Combe de Bannes, au Monge, à Brouillet, à Loïs-Delbos ; — pour la commune de Verdon (au pied du rideau de côteaux qui borde la vallée de la Dordogne) : Monbrun, où l'on a trouvé en creusant le vivier du château, des blocs cuboïdes de 60 à 70 centimètres de côté, et d'une si belle qualité qu'on les a vendus à raison de 11 fr. le quintal au lieu de 10, prix ordinaire ; — plus d'innombrables puits dans les communes de Pontour, Couze-Saint-Front, Bourniquel, etc., sur la rive gauche, et dans celles de Saint-Capraize et de Clérans, sur sur la rive droite, etc., etc., etc.

Les points sur lesquels les grès ferrugineux (couleur de rouille) se montrent à la surface sont, en outre du Bois-Redon, La Barde, Brouillet, Boyer, etc.

Voici, comme exemple de la coupe de nos trous à mine, celle d'un puits où elle était peu abondante (à la Graule) :

Terre végétale (*boulbène*) blanchâtre, sablonneuse, micacée, légère ; c'est en grande partie de la molasse remaniée, descendue des hauteurs qui dominent le *Trou de la terre*, et du diluvium qui lui est superposé dans cette localité. . . . . 0^m 20^c

Diluvium coloré par le fer, composé de sable et menus graviers, tenant des cailloux roulés de quartz hyalin blanc et laiteux, de silex blanc, gris ou brun, de grès ferrugineux, des alcyons et polypiers branchus de la craie, et quelques gros silex colorés par le fer et dont les angles sont arrondis. . . . . 0^m 80^c

Molasse très-pure, composée de sable blanc à grains inégaux avec ciment d'argile blanche très-pure, plus abondante qu'au *Trou de la terre*, mais contenant encore trop de sable pour donner une bonne terre à tuiles. Cette molasse offre des parties jaunes ou grisâtres et panachées de rouge ; les parties rouges sont plus argileuses et meilleures pour la tuile . . . . 1^m 40^c

Ce puits a donc une profondeur totale de 2 mètres 40 centimètres, et, comme je l'ai dit, son rendement en minerai est faible. Ceux qui sont plus riches ont une coupe à peu près analogue, mais ils aboutissent à des nids de minerai où les blocs se touchent ou forment une masse solide, et alors on est amené à les creuser un peu plus profondément. Ce qui m'a fait choisir celui-ci pour exemple, c'est qu'il montre bien que la position normale du minerai est dans la molasse, et loin du diluvium qui la surmonte, puisque les premiers mètres d'épaisseur de la molasse en donnent si peu. J'ai visité dernièrement, sur le plateau inférieur des Roques (Lanquais) un puits très-riche, et, comme on peut le prévoir d'après ce qui vient d'être dit, sa coupe est beaucoup plus *rouge* que blanche, beaucoup plus argileuse que sableuse.

Enfin, et pour en finir avec le minerai de fer, voici une coupe que M. Delbos a, comme moi, jugée importante en tant que preuve de la position normale du minerai dans la molasse, parce qu'elle montre que, sous ce rapport, les choses se passent dans les gisements de peu d'épaisseur, absolument comme dans ceux où ils acquièrent une puissance plus grande.

En janvier 1846, quelques travaux faits à l'E. de la cour du château de Lanquais, sur la berge du vallon où fut creusé le puits Paramelle, ont causé un éboulement de cette berge. On voulait lui substituer un mur de soutènement, et il fallut dresser, pour le recevoir, une coupure nette dont voici la figure :

LÉGENDE. — *a*. Décombres provenant de la taille des pierres lors de la construction du château, avec mélange de quelque peu de terre végétale.   2ᵐ 0ᶜ

b. Molasse vierge, rouge-de-sang, semblable à celle qui, à quelques pas de là, vers le Sud, se montre à nu dans une mare destinée à abreuver les bestiaux, et située dans une légère dépression du promontoire crayeux. Elle est plus sableuse qu'argileuse, et ne contient point de silex, mais seulement quelques fragments de craie empâtés dans sa partie supérieure. . . .   1ᵐ 0ᶜ

c. Cordon horizontal de silex de la craie à *Faujasia*, non roulés et dont les angles sont très-vifs. Ces fragments de silex y sont presque contigus, tant ils sont nombreux, et j'ai trouvé parmi eux des fragments de minerai de fer et un petit rognon de grès ferrugineux rouge, semblable à celui du Bois-Redon. 0ᵐ 18ᶜ

d. Molasse rouge, semblable à celle de la couche *b*, et creusée seulement jusqu'à 0ᵐ 30ᶜ
pour les fondations du mur, en sorte que son épaisseur n'est pas connue.

M. Delbos a reproduit la légende de cette coupe dans la note finale de son travail (Mémoires Soc géol., 2ᵉ sér., t. II, 2ᵉ part , 1847, p. 289).

Des minerais de fer je passe à leurs produits, non pas modernes — ils sont trop connus — mais antiques.

Je veux parler de ces scories de forge, très-riches encore en fer métallique, mais qui ne sont jamais, ici du moins, accompagnées de laitiers vitreux, tandis que les forges actuelles le sont toujours. Ces scories, semblables du reste aux scories modernes, si ce n'est par l'abondance du fer qu'elles tiennent encore, ont été tour-à-tour rapportées à des forges gauloises, romaines, et même à des époques moins antiques :

il est possible qu'elles le soient, au contraire, davantage, et qu'elles appartiennent aux premiers temps de la connaissance du fer ; mais nul indice n'a permis jusqu'ici de leur attribuer une époque certaine. Dans toute la France on en trouve des dépôts, et lorsque ceux-ci sont considérables, on s'en sert volontiers, comme les Romains le faisaient eux-mêmes pour ferrer des routes. On peut dire que le Périgord est semé de leurs débris épars, et les dépôts amoncelés, annonçant une localité de mise en œuvre, y sont très-abondants ; nous en comptons bien une vingtaine, plus ou moins considérables, aux environs presque immédiats de Lanquais, et plus de la moitié d'entr'eux se trouvent dans la forêt de ce nom, par conséquent *sur la molasse* et sans qu'il y ait, dans leur voisinage immédiat, aucun dépôt de *diluvium*. Ces amas de scories sont ordinairement placés au bord de chemins probablement fort anciens, ou bien à proximité des cours d'eau réguliers ou irréguliers.

Le plus remarquable de ceux qui nous avoisinent est dans la *Petite Forêt*, près *Ligal*, sur une pente douce qui se termine au bord de la *cavaille* par où descendent les eaux de la *Grande Forêt* non absorbées par le puisard naturel qu'on nomme le *Cul-de-sac*. Ce dépôt forme un couloir de 4 à 5 mètres de long, bordé de deux amas de même longueur et d'un mètre d'épaisseur à peu près. Nous avons fouillé dans ces amas, sans y rien trouver que des scories. Le fourneau devait être placé à l'extrémité du couloir ; mais il faudrait détruire le taillis pour faire une fouille complète (1).

---

(1) M. de Collegno voulut bien emporter de Lanquais deux échantillons des scories de cette forge et en demander l'analyse à son collègue de la Faculté de Bordeaux, l'illustre chimiste Auguste Laurent.

Voici cette analyse dont M. de Gourgues conserve l'autographe :

1re OPÉRATION. *Haut fourneau.*		2e OPÉRATION. *Forges.*
50 Mat. 50	49 fonte. = 51 de laitier vitreux, pauvre en fer.	100 de fonte donne 70 à 80 de fer. Le fer perdu passe dans la scorie.

« Les scories de Lanquais sont un silicate de fer, renfermant 60 p. 0/0 de fer métallique

» Il ne faut pas en conclure que les hommes de cette époque ne savaient pas convenablement traiter les mines de fer, car il est probable que la mine qu'ils employaient ne renfermait pas 60 p. 0/0 de fer, ce qui correspondrait à environ 88 à 90 p. 0/0 d'hématite pure. »

Il est un de ces dépôts bien plus curieux encore, par sa masse énorme et surtout par son emplacement tout-à-fait inexplicable. C'est celui qu'ont décrit, les premiers, MM. de Taillefer (*Antiquités de Vésone*), et Jouannet (*Annuaires de la Dordogne*). Je dis que son emplacement est inexplicable, parce qu'il est situé *au sommet* du revers sud du côteau de Saint-Front-de-Coulory (90^m), qui domine de 57 mètres, au N., et à pic, la Dordogne qui seule le sépare de la ville de Lalinde. Ce *revers* donne dans un haut vallon sans eaux, très-peu profond, qui aboutit, quelques mètres plus loin, à un ravin à peu près impraticable si ce n'est aux piétons. Pas de molasse aux environs immédiats de ce haut vallon; la terre de son thalweg est bonne, car c'est celle de l'étage du 1er lit de la Dordogne, probablement d'origine diluviale ou antédiluviale; mais hors de ce thalweg, un mince *caussonal* et la craie nue. Il y a de la molasse plus loin, sans doute; mais comment a-t-on choisi, pour y établir une exploitation si considérable, les flancs d'un étroit promontoire sans eau possible, d'une hauteur et d'un escarpement (de trois côtés) qui doit à bon droit le faire juger à peu près inaccessible au point de vue d'une usine? Pourtant, le fait demandait une explication, et les savants — qui ne reculent jamais — sont allés la demander à la possibilité d'une *forge à vent* (espèce, si je ne me trompe, non encore catologuée), et je ne saurais nier, sans mentir à mon expérience personnelle, qu'un anémomètre ne fût admirablement situé sur le dos linéaire de cet énorme promontoire. — Je sais bien aussi que huit ou dix lieues plus loin en amont, entre la ville de Limeuil (103^m) et le bourg de Palayrac, l'*oppidum* gaulois de *Layrac* existait au sommet d'un promontoire absolument analogue mais plus grand et plus élevé, désigné dans la carte de l'État-Major sous le nom de *Chambaud* (160^m). Cependant, il ne faut pas l'oublier : si dans une forteresse il faut boire, autre chose est une forteresse dont le vent ne peut, à ce point de vue, servir les besoins, et tout autre chose est une usine qui aurait besoin d'une force fournie par l'eau. Laissons donc de côté ce problème pour nous insoluble, et bornons-nous à constater :

1° Que le cavalier de la forge de Saint-Front-de-Coulory occupe une surface que je peux évaluer, au plus bas, à 400 mètres carrés;

2° Que son épaisseur n'est pas connue, car il pouvait se trouver là un enfoncement dans le rocher de la pente;

3° Que ses plus fortes *galettes* de scorie poreuse en dessous et à vermiculations aplaties en dessus (comme partout dans nos forges antiques (ont encore une dimension qui dépasse peut-être quelquefois 40 centimètres sur 10 d'épaisseur ;

4° Que la partie inférieure de ce cavalier dénote une antiquité très-reculée et une bien grande masse de produits écoulés, puisque la scorie y est *pulvérisée* au point que la terre labourée de ce petit champ est absolument noire comme du poussier de charbon, et au point d'admettre la culture (alternante, selon l'usage ancien, avec celle du blé) d'un maïs qui n'est pas absolument plus laid que celui de bien des départements moins privilégiés sous ce rapport que la Dordogne.

Je me suis attaché, dans ce mémoire, à signaler particulièrement les passages *subits* d'un terrain à un autre. En voici un, puisé dans mes notes d'août 1831 et visité plusieurs fois depuis lors, qui fait voir le passage des minerais de fer de la molasse au calcaire blanc d'eau douce; il offre un nouvel exemple du démantellement, que j'ai déjà signalé plus haut, des bords du bassin garonnais, et de la non-rencontre de l'*ourlet* de meulières que je décrirai plus loin entre Lanquais et Faux. J'ai observé ce passage dans la commune de Pontour, qui borde et domine la rive gauche de la Dordogne, vis-à-vis et à un kilomètre en amont de Lalinde. — A la partie inférieure du haut vallon qu'on traverse en se rendant de *la Borie de Fonblanquat* (métairie dépendante du château de *Paty*, et mentionnée dans la carte de Cassini, sous le nom de *Fonbla* (150^m approxim^t), à l'imposante tombelle de *La Motte* (133^m) qui, vue de la rive droite du fleuve, couronne orgueilleusement le rideau de hauts côteaux dont la vallée de la Dordogne est bordée, on passe, sans transition, du terrain brun à minerai de fer et à blocs de poudingue ferrugineux, à un monticule de calcaire blanc d'eau douce sans fossiles, parfaitement isolé, comprimé sur les côtés, de 13 mètres d'élévation et dont la base *blanche* descend jusqu'au thalweg de ce vallon. Au pied de la butte, on en voit sourdre une petite mais excellente source, captée dans une sorte de puisard creusé dans le calcaire : de là, le nom de la métairie (Fontaine blanche). Les lieux dits *Tuilerie* et *Tuilière* (signal *Bousserand*, entre Fontblanquat et Tuillière, 154^m), qui en sont voisins, prouvent, à la seule inspection de la carte, que la molasse est très-répandue sur ces hauts plateaux, et que leurs produits métallurgiques ont alimenté la forge antique dont je viens de parler et qui n'en est éloignée que de 500 à 1,000 mètres. A Molières (3 1/2 kilom. E.-E.-S. de Saint-Front), commence le puissant dépôt de meulières blondes du bassin hydrographique du Bellingou.

Dans le Nontronais, terrain granitique et jurassique où il n'y a point de molasse, on a, de toute antiquité, exploité en grand des minerais de fer, et l'on retrouve, dans ces vieilles forges, des moules cylindriques pour la fonte, dont nous n'avons jamais retrouvé les analogues dans notre Périgord méridional. M. Félix de Verneilh, à Nontron, conserve de magnifiques échantillons de ces moules.

J'en ai peut-être, déjà, trop dit sur la molasse; deux mots encore, cependant :

1° Il est singulier que ses argiles ne se trouvent pas plus souvent disposées de façon à retenir l'eau. J'ai pourtant à signaler un entonnoir sableux sur ses bords (Lac Nègre) et deux lagunes à *Sphagnum* (Lac Salissou et celle du *Bois de Guinot*, entre *la Graule* et *la Gaillardie*), commune de Lanquais; on trouve aussi, aux *Roques*, d'anciens trous de terre à tuiles, où les *Typha* se sont établis comme dans les sablonnières qui bordent les chemins de fer. Enfin, sous le village des *Mérilles*, commune de Saint-Capraise-de-Clérans, les molasses de la forêt de Clérans, si riches en minerais de fer, descendent dans un vaste entonnoir à mi-côte, ouvert dans le rideau de hautes collines crayeuses du 1er étage qui bordent la rive droite de la Dordogne. Dans cet entonnoir, il s'est établi un véritable étang, ressemblant en petit aux lacs des Pyrénées;

2° Il serait surprenant que, la molasse contenant en si grande abondance des silex à *Faujasia*, on n'y rencontrât aucune trace évidente de *lieux de fabrication* des outils qu'on a su tirer de ces silex : je signale donc un de ces ateliers antiques pour les *haches non polies* (que nos recherches ont fini par y rendre extrêmement rares), sur une croupe en arrière du lieu dit *Ligal*, à l'entrée nord de la forêt de Lanquais.

§ V. — **Meulières**.

En s'élevant sur la pente des côteaux que revêt la *Grande Forêt* de Lanquais, on quitte peu-à-peu le terrain sablonneux qui y rend la marche si facile, et on s'engage dans des boues sèches et durcies en été, gluantes et glaiseuses en hiver, blanchâtres, grisâtres ou jaunâtres, et toujours de teintes sales et désagréables à l'œil. Ces argiles, mêlées de fragments de plus en plus nombreux, puis de blocs de plus en plus nombreux aussi de meulières, sont celles qui couvrent tout le plateau des *Pailloles* (*Praillotes* de l'État-Maj., 150ᵐ approximᵗ; *Pognoles* de

Gassini), jusqu'à la rencontre du calcaire d'eau douce siliceux ou non siliceux qui constitue le bassin d'Issigeac et de Sainte-Sabine.

Voici la coupe de ce terrain ; je l'ai prise le long d'une section du chemin de grande communication ouvert, vers 1845, entre Lanquais et Faux, dans la forêt de Lanquais. Cette section, longue d'environ 80 mètres, s'étend horizontalement à 30 mètres au-dessus du fond du vallon (entonnoir du *Cul-de-Sac*, où se perdent les eaux de pluie qui descendent du plateau), sur une croupe ou promontoire couvert de bois, où les meulières étaient amoncelées en blocs énormes et fort nombreux, tant à la surface du sol qu'un peu au-dessous de cette surface, et cela précisément à l'endroit où le chemin devait être ouvert. Il a fallu briser ces blocs (plutôt *tabulaires* que cuboïdes) et, les remblais une fois faits, il est resté au jour, pour border le chemin en contre-haut, une berge d'un mètre à un mètre et demi, dont voici la figure :

LÉGENDE. — *a.* Sol argilo-sableux, micacé, blanchâtre (molasse remaniée et mêlée aux argiles de la meulière, qui ont aidé probablement au glissement des blocs sur la pente extérieure à la bordure normale du bassin de Faux, Issigeac et Sainte-Sabine). Ce sol tient une innombrable quantité de très-petits fragments à angles vifs de meulière blanche ou grisâtre, ou colorée par le fer, et un nombre très-grand aussi de blocs métriques ou bimétriques de la même meulière. Les fragments colorés tendent parfois à revêtir l'aspect *résinoïde*.

b. Molasse vierge, parfaitement caractérisée et atteignant au plus 0m 90c d'épaisseur visible dans la berge. Elle est argilo-sableuse, d'un blanc grisâtre panaché de jaune et quelquefois de rougeâtre. Dans cette molasse *non remaniée*, il n'existe plus un seul bloc ou fragment de *meulière ! !*, mais seulement quelques petits rognons de grès ferrugineux semblables à celui du Bois-Redon, et quelques rognons de minerai de fer.

Cette coupe a de l'intérêt, parce que l'absence complète de la meulière dans la molasse *b* montre combien cette dernière, nécessairement lacustre, est *essentiellement distincte* du 2e terrain lacustre qui lui est pourtant *immédiatement* superposé.

Selon M. Jos. Delbos (*Recherches sur la formation d'eau douce du bassin de la Gironde*, in *Mém. Soc. géol. de France*, 2ᵉ sér., t. II (1846), p. 267; p. 29 du tirage à part), « ces *argiles à meulières* » appartiennent sans aucun doute « à la période actuelle. » Je ne saurais, pas plus que M. J. Gosselet (*Act. Soc. Linn. de Bordeaux*, 1863, t. XXIV, p. 178, 179; et *Bull. Soc. géol. de France*, 1863, 2ᵉ sér., t. XX, p. 194), partager cette manière de voir. Notre *diluvium*, qui ne se montre nullement ici, a de tout autres caractères, et la puissance de ces argiles, telle qu'elle s'est manifestée dans le forage du puits des Pailloles (dont je vais donner la coupe), est trop grande pour que leur dépôt puisse être attribué, ailleurs que dans les vallées actuelles des grands fleuves, *à une alluvion quelconque* : or, au grand Ormeau de la Grange-Neuve (168ᵐ), point culminant entre les Pailloles et Faux, nous sommes à 136 mètres au-dessus du lit de la Dordogne actuelle. Je crois donc que ces argiles, supérieures à la molasse et se mêlant avec elle au point de contact, forment avec les meulières qu'elles contiennent, comme ailleurs ces mêmes meulières avec le calcaire d'eau douce qui les renferme, un membre autonome de notre formation d'eau douce supérieure à la molasse éocène ; et c'est ainsi que M. Gosselet, dans le premier des deux mémoires que je viens de citer, place ces meulières « enveloppées d'argiles » entre les deux assises qu'il a pour but de faire distinguer dans nos calcaires d'eau douce.

COUPE DU PUITS-PARAMELLE DES PAILLOLES

(*Partie supérieure de la formation* b *d'eau douce de l'étage moyen*. DUFRÉNOY, Mémoire sur les terrains tertiaires du midi de la France, *Annal. des Mines*, 3ᵉ sér., t. VII, p. 311, 1834).

Commencé le 8 août 1835, et poussé à 10 mètres 65 centimètres sans rencontrer de source, ce puits a néanmoins été bâti. Le 9 septembre, et par un temps depuis longtemps pluvieux, il s'y est montré un peu d'eau provenant des orifices réservés dans la maçonnerie. A la fin du même jour, il y en avait déjà 0 mètre 50 centimètres. Elle s'y est augmentée assez rapidement et maintenue depuis plus de vingt-huit ans, bien que suffisant aux besoins de la métairie. Neuf couches distinctes ont été mises au jour par le forage, savoir :

1) Terre végétale (argilo-sableuse) environ. 0ᵐ 33ᶜ

2) Argile brun-noirâtre, dure et tenace, empâtant de nombreux
et gros blocs de meulière. . . . . 1 »

3) Argile brun-jaunâtre, mêlée de rares et petits fragments de
meulière. 0 83

Ici finissent les argiles concomitantes des meulières et appartenant par conséquent au bassin d'eau douce du versant garonnais. Ce qui suit appartient à la formation de la molasse, dont
l'épaisseur n'a pas été complètement traversée.

4) Argile gris-verdâtre, plus ou moins mélangée de sable quartzeux blanc. . . . . 1 »

5) Argile de même couleur, avec sable et gros grains de quartz,
devenant de plus en plus pure à mesure qu'on creuse plus
bas, traversée alors par de nombreuses *malices* (racines
qui produisent des fissures verticales, *noires*), puis enfin
d'une pureté parfaite (excellente *terre à tuiles*), un peu
humide et luisante sur les parois des fissures où elle
offre un aspect gras. 1 86

6) Argile de même couleur et semblable au n° 5, mais plus ou
moins pétrie de gros sable, de gros grains, et même
de petits cailloux plus ou moins souillés d'oxide rouge
de fer en certains endroits et surtout vers le bas de la
couche. — Les cailloux sont presque tous de quartz hyalin, le reste de silex pyromaque. On en trouve quelques-
uns de silex de la craie passant au quartz nectique. Deux
de ces derniers m'ont offert des empreintes et un moule
interne (en quartz hyalin?) d'une Térébratule striée,
probablement *T. difformis* Lam., bien voisine du *T. pli-
catilis* Sow. Enfin, on y trouve un nombre assez notable
de grains et petits cailloux de feldspath blanc. — Vers
le bas de cette couche, le sable et les cailloux sont
moins mêlés d'argile. 1 86

7) Argile gris-clair, mélangée de plus ou moins de sable fin,
sans gros grains de quartz. 1 22

8) Argile gris-jaunâtre, très-douce au toucher, avec des taches
rouges çà et là, mélangée de sable quartzeux très-fin et

A reporter. 8ᵐ 10ᶜ

Report. . . . . . . 8^m 10·

de très-petits grains d'apparence calcaire (?), formant
un ensemble assez dur à creuser. Cette couche est traversée par de grandes fissures horizontales à parois lis-
ses, lustrées et comme graisseuses, sur lesquels on
aperçoit, par places, de petits dépôts d'une argile blanche excessivement pure et qui, entamée par l'ongle, a
la consistance et l'aspect que prendrait, dans le même
cas, la bougie. 2 55

10^m 65^c

9) Le sable argileux devenait de plus en plus tassé et dur à pio-
cher : ne trouvant point d'eau, on s'est arrêté là, le
28 août, sans pouvoir évaluer la profondeur de cette
couche.

On pourrait se demander si *réellement*, comme la plupart des géologues le pensent et comme je l'ai vu et figuré moi-même, en 1845, dans
l'esquisse *primitive* de la coupe que M. Delbos a reproduite en abrégé
avec un extrait de ma description manuscrite (*loc. cit.*, p. 267 et p. 29,
pl. 12, fig 7), — si réellement, dis-je, nos meulières sont au même
niveau géologique que l'ensemble de nos calcaires d'eau douce blancs
dont elles seraient ainsi contemporaines, — ou si elles sont antérieures,
du moins *théoriquement*, à ces derniers qui leur seraient dès-lors supérieurs *au même titre*. J'exposerai, plus loin, les doutes qui peuvent
surgir à cet égard, et les considérations sur lesquelles ces doutes s'ap-
puient ; mais je veux d'abord donner quelques détails sur ces meulières
elles-mêmes et sur le rôle qu'elles jouent dans nos environs.

Je ne crois pas, je le répète, qu'en creusant le puits des Pailloles, on
ait percé dans toute leur épaisseur les argiles qui contiennent ces meulières et la molasse qui les supporte : je ne crois pas, par conséquent,
qu'on ait atteint des argiles dépendantes de la formation crayeuse, où
figurerait dans son gisement légitime, la Térébratule unique que j'y ai
rencontrée. Je ne connais, en effet, dans nos contrées rien d'analogue à
un pareil faciès du terrain crayeux, et je trouve moins surprenant —
quoique ce fait soit pour moi complètement isolé, — que ce débris de
la faune de nos craies eût été repris par la molasse.

Nos argiles des meulières ne sont point, que je sache, exploitées pour
les tuileries. Les meulières s'y rencontrent en blocs isolés et irréguliers,

superficiels ou enfouis à des profondeurs diverses, — ou bien en gîtes irréguliers (plutôt qu'en couches proprement dites), qui semblent formés de bancs brisés, surtout sur les bords du plateau, où ils figurent comme une sorte d'*ourlet* près, de la surface actuelle. Pour aller de cet ourlet au point culminant du plateau, marqué tout près de la route de Lanquais à Faux (à la métairie dite *la Grange-Neuve* [168ᵐ]) par un ormeau gigantesque qu'on aperçoit, pour le moins, de 25 kilomètres de distance à vol d'oiseau (notamment, au N., du point culminant de la route de Bergerac à Périgueux, vers Saint-Mamest, et au S., des hauteurs qui sont dans le Lot-et-Garonne, au-delà de Castillonnès [119ᵐ]), il faut s'élever encore de 15 à 18 mètres. C'est pourtant *à l'ourlet* que se trouve le bord réel de ce bassin partiel d'eau douce qui appartient orographiquement et géologiquement au bassin hydrographique de la Garonne ; mais les lavages successifs ont démantelé et abaissé les bords de ce bassin, en sorte qu'une partie de ses eaux de pluie (et par conséquent de source) se déverse dans le bassin hydrographique de la Dordogne. Nous retrouvons la même irrégularité dans l'écoulement des eaux (et je l'ai déjà indiquée, en passant, dans le deuxième chapitre de ce mémoire), — nous la retrouvons, dis-je, lorsqu'au fond du vallon de Lanquais, nous allons heurter de front une muraille de calcaire d'eau douce, là où le terrain de meulières manque (car il ne se montre pas partout, de l'aveu de tous les auteurs), — là où la molasse qui couvre les côteaux crayeux de Lanquais à Monsac, s'enfonce sous l'alluvion moderne du thalweg du Couzeau, — là, en un mot, où, par un coude du vallon qui descend de l'E., le Couzeau arrive de Monsac, encaissé à sa droite par le 1ᵉʳ étage de la craie *jaune*, et à sa gauche par le calcaire d'eau douce du *pays-blanc*. Cet effet, charmant aux yeux du géologue et du peintre, se représente à chaque instant lorsqu'on suit cette bordure de l'O. à l'E., depuis les bords de la plaine de Bergerac jusqu'à Beaumont, et de là en suivant une brusque flexion de la courbe, dans la direction du N., jusqu'à Pontour, sur les hauteurs qui dominent les bords de la Dordogne.

J'en veux citer, en passant, d'après mes notes d'octobre 1829, un des exemples les plus remarquables qui me soient connus. Il n'appartient pas à notre bassin hydrographique, mais il est sur ses *marches*, et on l'observe à l'instant même où on le quitte pour entrer dans celui de la Couze.

A 7 kilomètres S.-E. de Lanquais, en allant de ce bourg à Beaumont, par la vieille route charretière qui passe à *Caillade*, et après

avoir traversé trois petits vallons qui coupent cette route entre Caillade
et Beaumont, on arrive sur la crête de la berge d'un 4ᵉ vallon plus considérable, — celui du *Peyrou*. De ce point élevé (*Rolland*, 157ᵐ), la
vue s'étend sur tout le *pays-blanc*, dont la ville de Beaumont (136ᵐ),
pittoresquement perchée sur l'escarpement d'une colline, forme le premier plan, à la distance de 3,600 mètres dans la direction de l'E.-S.-E.
Le calcaire d'eau douce blanc, siliceux sans fossiles, ou plus terreux
et pétri de Limnées, forme çà et là des petites buttes qui, par la couleur blanche de leurs terres et de leurs cailloux, tranchent sur les terres
rougeâtres dont la roche crétacée est recouverte et dont la base de ces
monticules est entourée. Le vallon du Peyrou court à peu près du N.-E.
au S.O., et comme il est assez profond, on comprend qu'il n'y reste pas
vestige de molasse en place. Son flanc nord-ouest (côté de Lanquais) est
tout crayeux et pétri, à la lettre, de grandes Hippurites, souvent sou-
dées *en bouquets*, comme le dit M. Coquand pour qui cette station est
du pur *dordonien*. Pour ce géologue comme pour M. d'Orbigny, ces
Hippurites sont l'*H. radiosus* ; mais je ne saurais acquiescer à une telle
détermination : l'espèce *dominante* est, pour moi, très-différente (bien
que le *radiosus* s'y trouve également). Je comptais la dédier à mon
vénérable ami le docteur de Grateloup ; mais je n'ai point donné de supplément à mon *Essai sur les Sphérulites* : elle me semble répondre à la
fig. 2 de l'*H. costulata* Godf. Petref., pl. CLXV ; mais je crois comprendre que c'est elle dont M. Bayle a fait son *H. Lamarckii* (Bull. Soc.
géol., 1857, 2ᵉ sér., t. XIV, p. 697). Il dit son espèce absolument nouvelle, et ne lui rapporte aucune figure. A ces deux espèces d'Hippurites
sont mêlées quelques petites Sphérulites et de nombreux fragments d'espèces plus grandes (*Radiolites Hœninghausii* et *ingens*?). Le flanc S.-E.
du vallon contient plus de Sphérulites et moins d'Hippurites : on y parvient après avoir traversé le petit ruisseau qui descend dans la direction
de Beaumont, et en remontant à travers le taillis de chênes qui le borde.
On arrive ainsi à un haut vallon sans eaux, qui n'a pas plus de cinq
mètres de fond dans sa partie la plus resserrée, et qui descend du N.
au S. Ce petit vallon est fort curieux en ce que son flanc ouest est complètement rouge par sa terre, à ossature crétacée, marine ; le flanc est, au
contraire, est formé par une butte rocheuse et terminée en plate-forme,
de calcaire d'eau douce blanc (siliceux en haut, chargé de Limnées en
bas). Le thalweg est occupé par une terre labourée, où la couleur
blanche et la couleur rouge sont en contact immédiat, sans se mêler et

sans que le plus petit fossé les sépare. On observe des exemples analogues au confluent de certains cours d'eau diversement colorés.

Je reviens à nos meulières des Pailloles : elles ont été assez longue-
ment exploitées sur la lisière sud de la forêt de Lanquais; mais cette
exploitation a cessé d'être fructueuse depuis quarante ou cinquante ans ,
soit par l'épuisement des blocs de grandeur ou de qualité suffisantes ,
soit par suite de la difficulté réelle des transports par des chemins si
boueux et de la découverte d'autres gîtes qui jouissent d'aboutissants
directs (Verdon [117ᵐ], Saint-Aubin-de-Lanquais [112ᵐ], etc.).

Les meulières du Périgord sont estimées; mais on ne peut guère former les meules que de plusieurs pièces qu'on assemble au moyen de
cercles de fer. D'ailleurs, cette roche est extrêmement caverneuse, ce
qui cause de la perte, rend difficile l'obtention d'une mouture fine, et
compense ainsi, d'une manière fàcheuse. l'avantage d'une solidité presque indestructible. Leur couleur est blanche ou blanchâtre dans les
parties opaques, d'un gris-brunâtre dans les parties translucides, qui
sont bien plus rares.

L'exploitation abandonnée des Pailloles importe peu à l'agriculture ,
cachée qu'elle est dans le taillis de la forêt ; mais ce qui gêne beaucoup
pour la préparation des terres arables du plateau, comme pour le fauchage
des prés, c'est la présence *sur* ou *dans* le sol, de ces énormes blocs ou
tables de silex meulière, qui ferment la voie au soc et ébrèchent les
plus durs outils. Mon beau-père a combattu avantageusement, ici, cet
inconvénient grave, en faisant culbuter ces blocs dans des trous très-
profonds qu'on creusait auprès d'eux dans l'épaisseur des argiles, et
j'ai vu, à son imitation, M. le général de Gaja le faire également avec
succès dans la vallée de Campan (Hautes-Pyrénées), pour les blocs de
la moraine sur laquelle est assis le charmant prieuré de Saint-Paul,
dont il s'était rendu locataire à long bail.

Tous les défauts que, dans l'article précédent, j'ai reprochés aux
terrains arables de la molasse pure, sont au même degré attribuables à
celles des argiles de la meulière. On ne saurait guère, à la simple vue,
les distinguer les unes des autres qu'à l'aide de leur position stratigraphique. Il y a cependant un avantage au profit de celles de la molasse
pure, et c'est qu'elles tiennent plus de *sable* siliceux ; mais il y a aussi
un avantage (et celui-là est plus grand) au profit des terres de la meulière : c'est que le bassin d'eau douce leur fournit une quantité sensible
d'éléments et de fragments calcaires ; tandis que , d'autre part, l'élément siliceux ne leur fait pas entièrement défaut.

La commune de Verdon (117ᵐ), qui fait suite à celle de Lanquais, à l'Ouest, sur la crête des côteaux de la rive gauche de la Dordogne, et celle de Saint-Aubin-de-Lanquais, à l'O. de Faux, ont aussi beaucoup de meulières. Je n'en connais pas dans celle de Monsac ; mais il en existe dans diverses branches du bassin hydrographique de la Couze (auquel Monsac appartient en partie), qui apportent leurs produits fabriqués jusqu'à la Dordogne, au port du bourg qui porte ce dernier nom. Au-delà de la vallée de la Couze, je retrouve la meulière reposant également sur la molasse, mais d'une pâte plus agréable à l'œil, d'une belle couleur ambrée-rougeâtre, d'une transparence plus grande, d'un aspect tel, enfin, qu'elle me semble fournir la matière de nos beaux silex *résinoïdes* du diluvium de Lanquais, — je la retrouve, dis-je, sur le massif crayeux qui sépare le Bellingou de la Couze (chemins de Cadouin à Saint-Avit-Sénieur [164ᵐ], et de Cadouin à Molières).

Avant de passer à l'étude du *calcaire d'eau douce blanc du Périgord*, je dois dire pourquoi je place *avant lui* les meulières dans ma coupe théorique ascendante, ainsi que l'a fait M. Gosselet dans les deux mémoires cités, et en particulier dans le tableau qui en présente le résumé (*Bull. Soc. géol.*, loc. cit.), tandis que presque tous les géologues s'accordent à considérer ces meulières comme étant absolument subordonnées et conséquemment contemporaines à ce calcaire, tantôt intercalées et tantôt juxtà-posées. Il semblerait en effet qu'en décrivant un membre de formation géologique, on devrait en nommer d'abord la partie principale, et introduire ensuite, comme accessoires, la mention des parties moins constantes ou moins puissantes. Ce sont pourtant les meulières que je présente, les premières, au lecteur :

1° Au point de vue *descriptif*, parce qu'elles se montrent plus souvent et en plus grande abondance sur les bords du bassin d'eau douce de l'Agenais que dans ses parties plus rapprochées du centre. Les bords d'un bassin constituent un *excipient* et doivent être décrits avant son *contenu*, ce dernier présupposant l'existence antérieure du premier. Dans le cas qui nous occupe, on admet généralement la contemporanéité *de fait* du calcaire et des meulières ; mais une antériorité d'*origine* n'entraînerait-elle pas une priorité de *droit* à occuper théoriquement le premier rang dans la série ascendante ? C'est par ces deux motifs réunis que j'ai donné, dans ma description, le pas aux meulières ;

2° Au point de vue *théorique*, parce qu'elles semblent plus étroitement liées, par leur nature, à l'état de choses précédent qu'à celui-là même dont, stratigraphiquement, elles font partie. Je m'explique. — On observe des lavages généraux, des dénudations absolues lorsqu'il y a succession d'une *formation géologique* à une autre ; ce sont alors des causes générales, ou du moins très-étendues, puissantes et brusques, qui ont agi. Telle a été — tout semble du moins nous le dire — la dénudation des surfaces crayeuses. Mais a-t-il dû en être de même lors de la succession d'un simple étage, d'une simple assise d'une même formation à un autre étage, à une autre assise de la même formation ? Il est bien permis d'en douter et de croire à moins de brusquerie dans la substitution d'un état de choses à un autre, quand ces deux états se sont succédé au moyen d'une sédimentation si peu éloignée de l'horizontalité des plans.

Lors de cette sédimentation du bassin de l'Agenais et du Périgord, l'élément calcaire avait depuis longtemps cessé de jouer un rôle important dans cette partie du S.-O. Depuis le grand lavage de la craie, la silice, et l'alumine qui est sa compagne bien plus fidèle encore qu'elle ne l'est de l'élément calcaire, avaient régné seules pendant le dépôt de ce membre puissant des terrains tertiaires que nous appelons la *molasse* éocène. Mais voici le calcaire qui revient, le calcaire plus utile à la vie que ne le sont la silice et l'alumine, le calcaire sans lequel il n'y a presque que des déserts sur la face du globe. J'ignore qu'elles étaient les qualités chimiques de cette dissolution calcifère à laquelle nous devons les calcaires d'eau douce du Périgord ; mais nous les trouvons souvent sans mélange sensible de silice — et cela surtout dans les parties centrales du bassin, tandis que vers les bords de celui-ci, ils en sont, le plus souvent, abondamment saturés. Souvent même on y trouve, sous forme de meulières, la silice pure. N'en peut-on pas conclure avec quelque probabilité que, lors du dépôt des sédiments calcaires, les restes superficiels des éléments siliceux et alumineux de la molasse ont été — *ici,* saisis et enveloppés par la sédimentation calcaire, — *là,* déplacés, refoulés vers les bords, soit à l'état de pureté plus ou moins grande, soit avec mélange intime qui aurait formé les calcaires très-siliceux ? Dans cette hypothèse, il en aurait été de même, sur certains points, des restes alumineux de la molasse ; *ici,* ils se seraient unis au calcaire et nous donneraient les calcaires marneux du bassin ; *là,* ils seraient demeurés sans mélange sensible et se seraient conservés purs de calcaire comme les meulières qu'ils enveloppent sur certains points (argiles des meulières des Pailloles et autres localités citées par les auteurs)

De cette façon, la contemporanéité de dépôt dans le bassin d'eau douce existerait toujours ; mais l'antériorité d'*origine* appartiendrait aux meulières et à leurs argiles, et on ne se trouverait plus dans la nécessité de supposer, pour les localités où l'on rencontre les meulières *sans argiles* et *sans calcaire* (1), une *dissolution complète* du calcaire qui aurait enveloppé lesdites meulières. C'est, je crois, M. Delbos qui a, le premier, émis l'idée de cette dissolution sporadique, lorsqu'il a dit (*loc. cit.*, p. 262 des *Mém. de la Soc. géol.*, p. 24 du tirage à part) : « Les meulières se montrent dans les couches les plus dures du calcaire. » Elles y sont intercalées en masses irrégulières, aplaties, sans paraître » alterner avec lui. Elles semblent être rangées, au contraire, en une » couche horizontale placée au milieu de la formation du calcaire…. » Elles paraissent avoir été presque partout isolées par la destruction du » calcaire qui les enveloppait. »

Chacun, après M. Delbos, a reproduit son hypothèse sans y faire d'objections ; mais ne permettra-t-il pas à ma vieille amitié de lui avouer que je ne vois, pour ce calcaire, aucun *fait* qui rende probable une telle dissolution ? Dans d'autres cas, au contraire, l'hypothèse d'une dissolution de ce genre me semble justifiée, prouvée même par des faits de comparaison géognostique ou paléontologique ; et telle est, à mon sens, la disparition complète chez nous, proposée par notre maître et ami commun H. de Collegno, du lit supérieur de craie qui contenait nos silex à *Faujasia Faujasii.*

Je pense donc que l'absence des meulières sur quelques points de la bordure du bassin, ou seulement l'absence du calcaire auquel elles sont souvent associées, doivent tenir, soit à des dégradations et lavages purement mécaniques opérés par les eaux sur les bords, ainsi que je l'ai dit dans le chapitre précédent, au sujet du mélange des eaux du *pays-blanc* avec celles du bassin du Couzeau, — soit au *départ* primitif des matériaux constitutifs du bassin d'eau douce de l'Agenais, comme je l'ai dit tout-à-l'heure.

C'est par suite de leur disposition essentiellement sporadique que nos meulières, malgré leur abondance, ne se trouvent pas nommément signalées par M. Raulin dans son *Nouvel Essai d'une classification des*

____

(1) Entr'autres sur la bordure du plateau de la Haute-Ventouline, près de Domme (Raulin, *Age des sables de la Saintonge et du Périgord*, in Act. Acad. Bord., 1830, p. 47 ; tirage à part, p. 27 ; Not. géolog., p. 183).

terrains tertiaires de l'Aquitaine (1848 ; p. 329 des *Actes de l'Académie*, p. 129 du tirage à part) : elles manquaient de puissance dans les
localités dont le cadre de ce beau travail appelait l'auteur à faire mention ; mais il dit, en général, dans ses diverses *Notes sur l'Aquitaine*,
qu'elles sont quelquefois « réduites à de simples rognons épars dans l'argile », et c'est ainsi qu'elles figurent dans sa coupe de Sainte-Sabine à
Rampieux (p. 329 des *Actes ;* p. 129 du tirage), dans son assise n° 4
(Calcaire d'eau douce tendre ou dur, avec lits de gros rognons de silex
blond, exploité sur 2 mètres (1).

§ VI. — **Calcaire d'eau douce**.

Ainsi que je l'ai constaté plus haut, le terrain de meulières ne borde
pas *d'une manière continue* le bassin d'eau douce d'Issigeac ; et de
même que, la molasse venant à disparaître, on voit des vallons dont un
des flancs est formé de craie et l'autre de calcaire d'eau douce, de
même aussi l'on rencontre des pentes où l'on peut, à la lettre, se tenir
debout, un pied posé sur l'argile *sang-de-bœuf* de la molasse, et l'autre
sur le calcaire d'eau douce du *pays blanc*. Lorsque M. J. Delbos contrôla
ma coupe générale reproduite dans son grand travail de 1847, j'eus bien
soin de le faire passer par une localité de ce genre, et M. Gosselet en a,
depuis lors, observé de semblables. Il en est une que je veux rappeler
ici, parce qu'elle a été citée par M. Delbos, et qu'elle offre une particularité intéressante : elle est synoptique, sans pourtant offrir un cas
de superposition immédiate.

Le Tour, à l'E. du plateau des Pailloles (lequel a environ 2,000ᵐ de
diamètre) est une maison placée à la partie supérieure d'un vallon dont

---

(1) On sait que, dans son *Nouvel Essai de classification des Terrains tertiaires
de l'Aquitaine* (p. 322 des *Actes de l'Académie*, année 1848 ; p. 122 du tirage à
part), M. Raulin admet, pour l'ensemble de l'Aquitaine, *dix assises* distinctes, à
partir des sables de Royan qui recouvrent la craie, jusqu'au sable des Landes qui
forme la couche la plus supérieure de nos terrains tertiaires. Le *calcaire d'eau douce
blanc du Périgord* constitue, en allant de bas en haut, la quatrième de ces dix assises, laquelle repose sur la troisième formée de la *molasse du Fronsadais*, des
sables du Périgord et du *calcaire de Bourg* (calcaire à Astéries de M de Collegno).
Cette quatrième assise est surmontée par la cinquième (*calcaire grossier de Saint-
Macaire*) qui ne dépasse guère, à l'Est (dans la direction du Périgord) la route de
Sainte-Foy-la-Grande à Marmande.

la hauteur culminante est cotée 152 mètres. Le plateau des Pailloles (150ᵐ approximᵗ) est incliné vers ce vallon, et les meulières affleurent sur sa pente qui regarde le Sud; elles ne vont pas plus loin. Sur la pente opposée et qui fait face au Nord, deux écorchements blanchâtres et absolument semblables quand on les voit de loin, mettent à nu deux assises différentes du grand ensemble de nos terrains d'eau douce. L'écorchement le plus bas, situé vers l'Est, montre la molasse sableuse blanche, pareille à celle du *trou de la terre* à Lanquais; le plus élevé (à l'Ouest), est constitué par la tranche de la nappe de calcaire d'eau douce avec *Limnea longiscata*, *Planorbis rotundatus* (rare), et *Paludina ?...* (très-grosse et très-rare).

Le calcaire d'eau douce se montre sous deux formes, qui passent fréquemment l'une à l'autre. Celle qu'on rencontre la première en allant des *Pailloles* (130ᵐ) à *Faux* (153ᵐ), est la forme *siliceuse*, très-blanche ou à peine bleuâtre, opaque — tellement siliceuse qu'elle mérite plutôt le titre de *quasi-silex* que celui de *calcaire siliceux*. De gros blocs, extraits des champs voisins, forment la haie le long de la route qui est ferrée de leurs débris. Ils offrent une sorte de passage des meulières proprement dites aux calcaires blancs marneux, dont les parties plus basses du bassin d'eau douce sont formées; mais ils sont plus pauvres en fossiles (si toutefois ils en contiennent) qu'il ne l'est lui-même. Ils ressemblent si extraordinairement aux silex d'eau douce et calcaires siliceux de la Beauce, que j'ai fait de longues et fréquentes recherches pour y trouver des *gyrogonites*, dont ces derniers fourmillent, et je n'ai pu y réussir. Investigateur plus heureux, ou mieux, plus actif que moi, M. Raulin en a trouvé dans les meulières de Domme (*Age des sables*, etc., p. 47).

A mesure qu'on avance, la silice fait de plus en plus place au calcaire qui devient tantôt compacte et dur (propre au débit en moëllons et même en quartiers d'aspect argileux et peu agréable), tantôt marneux, feuilleté et tendre (propre à donner des moëllons de qualité inférieure). A Faux (un kilomètre après qu'on a quitté les meulières des Pailloles), on est en plein bassin d'eau douce et sur le versant *garonnais* ou *agenais*, bien que la source qui arrose, au pied nord du bourg, des prairies magnifiques *où le regain fleurit*, envoie ses eaux dans le vallon du Couzeau. Ce sont là les dégradations partielles des bords du bassin que j'ai mentionnées plus haut.

Les terres du bassin d'eau douce sont d'une fertilité remarquable, quand elles ne sont pas trop exclusivement calcaires. Dans ce dernier cas, elles sont blanches, peu boisées et portent de la vigne qu'on dit alors *plantée dans la pierre* et dont les produits ne sont point célèbres, mais se vendent avantageusement. Ce sont alors des pentes raides, entourant souvent des mamelons isolés, dont le sommet est tranché horizontalement en forme de plateau (Saint-Léon (147^m); Montet (114^m), Montmadalès (113^m et 136^m), Bardou (175^m), Saint-Amand-de-Boisse (168^m), Montaut-d'Issigeac (170^m), Boisse (209^m); ce dernier côteau est surmonté de deux moulins à vent, dont on voit tourner les ailes des hauteurs de Lanquais, à plus de 11 kilomètres à vol d'oiseau, etc., etc.) : la molasse du Fronsadais et la chaîne des Puys, en Auvergne, offrent souvent des formes analogues.

Mais c'est tout autre chose quand, de ces mamelons blancs et calcaires, on descend dans la plaine qui les environne et qui, comparativement au sol des larges vallées de la Garonne et de la Dordogne, constitue un véritable plateau, car la route de Bardou à Issigeac, qui y chemine, a pour cotes 130, 136, 139 mètres, et Issigeac est entouré de hauteurs cotées 95, 114, 119 et 128 mètres.

Là, la terre arable, souvent épaisse, est en général noire et parfois rougeâtre, très-tenace, marneuse et même glaiseuse : les chemins non ferrés y sont très-mauvais l'été, effroyables en hiver; mais, en fin de compte, ce sont d'admirables terres à blé, malgré la grande quantité de fragments *anguleux* de calcaire blanc qui s'y trouvent mêlés.

En un mot, c'est un fond de lac, et par conséquent, en dépit du tribut considérable que le sous-sol calcaire, soit blanc (Faux, etc.), soit gris ou noirâtre (Agenais), apporte nécessairement au sol arable, la masse de celui-ci est nécessairement due aux *apports* mélangés avec les produits végétaux et animaux du lac lui-même. En effet, en ce qui concerne nos *marches* du Périgord, la couleur *noire* des terres ne leur vient pas du calcaire *blanc*, dont les fragments anguleux qui y sont ensevelis restent toujours *très-blancs*. Je sais bien que les surfaces (exposées à l'air) de ces roches calcaires prennent volontiers une couleur noirâtre, quand leur situation leur permet d'être envahies par des anamorphoses de lichens; mais cette situation est exceptionnelle et ne constitue pas la règle.

Sans être abondants, les fossiles ne sont pas absolument rares dans le calcaire d'eau douce blanc et moins siliceux de ces *marches*. J'y ai trouvé des fragments d'une Paludine (ou Mélanie?) grosse et rare, que je n'ai pu parvenir à déterminer; mais les espèces dominantes sont :

Limnea longiscata Al. Brongn.; Deshayes, Foss. Paris (*non* Lyell
et Murchis.).

Planorbis rotundata Al. Brongn. (celui-ci est rare.

Ces trois espèces sont à l'état de moules intérieurs, calcaires).

Notre calcaire, plus ou moins siliceux, et nos meulières, ont fourni
à eux seuls la matière de plusieurs des dolmens de l'alignement ouest-
est, dont j'ai parlé dans le deuxième chapitre : l'un des mieux conservés
est celui de Cugnac (*Cuniac* de la carte de Cassini), situé dans les taillis
voisins du château de ce nom, — château maintenant démantelé et à
l'état de ruine encore imposante et entièrement construit en calcaire
d'eau douce blanc, fort dur et très-grossièrement appareillé.

Le même calcaire se prête aussi bien, mais moins facilement et moins
régulièrement sans doute que la craie elle-même, aux travaux d'excavation. A mi-côte, vis-à-vis le bourg de Monsac, nous avons visité,
M. Léo Drouyn et moi, les premiers compartiments d'une de ces demeures souterraines qu'on nomme *refuges,* et dont l'ouverture est à fleur
du sol de la croupe qui le recèle dans ses flancs. Ces compartiments
étaient séparés par des portes, étroites et basses il est vrai, mais dont
les feuillures sont encore parfaitement distinctes et même assez nettes.

Dans une Note présentée en août 1862 à la Société Linnéenne de Bordeaux, mais qui n'a été livrée à la publicité, dans ses *Actes,* que le
10 décembre 1863 (t. XXIV, 3e livr., p. 177-182), — et dans une autre
Note plus courte encore, mais qui rend la première beaucoup plus
claire et plus précise dans ses résultats (*Bull. Soc. géol. de Fr.,* séance
du 12 janvier 1863, 2e sér., t. XX, p. 191-194), M. Jules Gosselet a
proposé une détermination nouvelle pour les calcaires du N.-E. de l'A-
quitaine (Agenais, Périgord, Blayais).

Ce savant distingue, en Périgord, dans les *marches* de l'Agenais,
deux étages différents de calcaire d'eau douce, que M. Delbos a compris
tous deux sous le nom commun de calcaire blanc du Périgord. Pour
M. Gosselet, le calcaire qu'il appelle *de Beaumont* « est superposé à
» des grès et à des argiles panachées, avec minerai de fer » (c'est-à-dire
à ce que M. Delbos et moi appelons *la molasse*), et « correspond par sa
» position stratigraphique, inférieure aux molasses du Fronsadais, au
» calcaire d'eau douce de Blaye. » Ces molasses, d'après M. Gosselet,
séparent ainsi les deux assises de calcaire que M. Delbos appelle, dans
leur ensemble, *calcaire du Périgord.*

Je suis loin de contredire aucune des observations de mon savant collègue qui a maintenant quitté le secrétariat général de la Société Linnéenne pour professer la géologie à la Faculté de Poitiers ; mais, dans l'étroite bordure de calcaire et de meulières qui encadre le bassin hydrographique du Couzeau, je crois pouvoir dire avec assurance qu'il n'existe que ce que j'ai décrit, — *un seul* calcaire.

Si M. Gosselet avait visité les localités dont j'ai eu occasion de parler en décrivant cette bordure (Monsac, Faux, Verdon, etc.), je crois qu'il les placerait dans son assise *inférieure* (calcaire de Beaumont) ; mais je ne puis l'affirmer positivement, n'ayant pas assez exploré l'intérieur du *pays blanc* pour y reconnaître les diverses assises que ce géologue a décrites. Je crois cependant ma supposition fondée, parce qu'il existe, au S. de la bordure, une dépression sensible qui court du S.-E. au N.-O. de Rampieux (235ᵐ) à Saint-Naissant ou Nexant (32ᵐ), et cette dépression est bordée au S. par une ride *discontinue* dont les buttes successives forment une sorte de chaîne ou de chapelet très-flexueux qui pourrait indiquer la superposition de ce que M. Gosselet regarde comme calcaire *du Périgord* à ce qu'il nomme calcaire *de Beaumont*. Les buttes auxquelles je fais allusion sont celles-ci : *Rampieux*, dont le versant nord appartient au bassin hydrographique de la Couze, et le moulin de *Bouchoux* qui en est tout près et qui occupe l'altitude culminante (235ᵐ) de toute la section comprise entre la Dordogne, la Garonne et le Drot (Raulin, *Nivellemᵗ barom. de l'Aquit.*, qui cote Rampieux à 253ᵐ, p. 26), — *Gleyzedal* (200ᵐ approximᵗ), — le groupe formé par Saint-Léon, Bardou (dont le versant nord donne naissance à la source principale du Couzeau) et les moulins de Boisse (moyenne, 177ᵐ), — Montaut d'Issigeac (170ᵐ), — Montmadalès (136ᵐ), — Sainte-Luce, — le plateau de Saint-Aubin-de-Lanquais (112ᵐ), — Saint-Naissant (32ᵐ).

C'est là tout ce que je puis dire sur une contrée dont je ne connais que l'ensemble, mais que je n'ai pas explorée pas-à-pas, le marteau à la main, comme MM. Gosselet et Raulin ont pu le faire chacun sur quelques points, et tous deux à Sainte-Sabine même, qui était le but commun de leur exploration.

A Gleyzedal, qui se trouve entouré d'un demi-cercle de quatre hauteurs cotées 201, 143, 202 et 204ᵐ), à Videpot (1), à Rampieux, M. Gos-

---

(1) Puisque j'ajoute à mon travail la mention de quelques particularités locales qui me semblent offrir de l'intérêt, je pense qu'on ne me fera pas un reproche d'y

selet rentre tout-à-fait dans la nomenclature de M. Delbos, que j'ai entièrement adoptée, et en cela nous sommes d'accord pour différer d'opinion avec M. Raulin qui fait avancer vers le N. le *calcaire d'eau douce
gris de l'Agenais* (supérieur au calcaire blanc du Périgord, et devenu
blanc comme lui « par un changement de faciès [*Nouvel Essai de classification des terrains tertiaires de l'Aquitaine* [1848], p. 341 des Actes
de l'Académie de Bordeaux, p. 141 du tirage à part]), jusques à former
le tertre du moulin de Rampieux (235ᵐ), où nous ne voyons, M. Gosselet
et moi, que le *calcaire d'eau douce blanc du Périgord.*

Quoi qu'il en soit de la justesse de cette appréciation *locale,* et ne
pouvant, faute d'observations personnellement suivies, au-delà de la
bordure, plaider la cause de l'*unité* des calcaires inférieurs à celui de
l'Agenais, je me borne à dire, en général, que la position de *plusieurs*
lits de sables, d'argiles et de marnes entre *plusieurs* lits de calcaire que
ne distinguent pas entre eux des caractères tranchés, soit minéralogiques, soit paléontologiques — et c'est ici le cas, — que cette position
intermédiaire, dis-je, ne me paraît pas impliquer nécessairement la
multiplicité de membres *distincts* dans une même formation tertiaire,
mais conduirait plutôt à y voir une sorte d'alternance ou de substitution
de couches diverses, alternance ou substitution qui permet à plusieurs
lits différents de demeurer compris sous une même dénomination d'ensemble. De cette façon, l'intercalation des argiles, marnes et sables de

---

introduire, à propos de ce *Videpot*, une remarque *étymologique*, laquelle n'est pas
sans rapports avec la constitution *géognostique* de ce lieu-dit si singulièrement
nommé.

Videpot (*Vieux-de-Pot* de Cassini) est une appellation *francisée* et traduite d'un
dicton populaire exprimé en dialecte périgourdin; mais ce n'est point, comme le
ferait croire l'orthographe adoptée par les auteurs des cartes géographiques, — ce
n'est point un équivalent donné, de fantaisie populaire, au substantif familier mais
très-légitimement français *vide-bouteille.* L'honorable famille Foussat, qui possède
le lieu-dit *Videpot,* a recueilli l'étymologie véritable et traditionnelle de ce mot, et
ce n'est pas la première fois qu'on a reçu d'elle des notions curieuses sur les anciens
usages, proverbes, traditions, chants populaires, etc., du Périgord.

Videpot, donc, en patois, se doit écrire *viu de po* (prononcez : *Vióou dé pô*),
c'est-à-dire : *Se nourrit de froment;* et c'est là le caractère distinctif du domaine,
sorte d'oasis entourée de calcaires arides et non recouverts d'un guéret suffisant, en
sorte que la culture du blé y donne des résultats inconnus aux tenanciers du voisinage, et que l'innocente jalousie de ceux-ci est en droit d'attacher au propriétaire
de Videpot cette naïve désignation : « Celui qui vit de pain de froment. »

M. Gosselet ne romprait pas plus l'utilité du terrain de *calcaire d'eau douce du Périgord* que ne le fait aux yeux mêmes de M. Gosselet, l'intercalation des meulières et de leurs argiles dans ce même calcaire. C'est ainsi que, d'accord avec M. Delbos, j'ai considéré jusqu'ici ce puissant terrain d'eau douce, et c'est également ainsi que mon savant ami le professeur Raulin l'a considéré dans ses beaux travaux sur l'Aquitaine, et en particulier dans son mémoire sur l'*Age des sables de la Saintonge et du Périgord*, etc., puisqu'il signale expressément, entre Villeneuve-sur-Lot, Montflanquin et Pauilhac, *plusieurs grandes assises de calcaire d'eau douce à diverses hauteurs*, et *de grandes alternances d'argiles et de molasses* (p. 36 des Actes de l'Académie [1850]; p. 172 du tirage à part).

Ce célèbre géologue — qu'orgueilleusement j'appellerais mon maître si j'avais le bonheur, depuis bien longtemps désiré, de le rendre juge, sur le terrain même, des résultats de mes observations de détail, — ce célèbre géologue étend jusqu'à la Garonne et même au-delà le domaine du *calcaire d'eau douce blanc du Périgord* (Valence-d'Agen, Agen, Marmande, V. *Age des sables*, etc., p. 24 des Actes de l'Académ., p. 160 du tirage à part; *Nouv. ess. de classific. des terr. tert. d'Aquit.*, p. 340 des Actes, p. 140 du tirage); et je suis convaincu qu'il est dans le vrai, car le plongement de ce calcaire sous celui dit de l'Agenais me semble suivre le plan d'une pente générale uniforme et régulière, depuis la bordure élevée qui sépare le versant dordonien du versant garonnais, jusqu'au thalweg du fleuve qui donne son nom à ce dernier.

En effet, si l'on considère l'altitude relative de l'étiage des deux grandes rivières sur lesquelles s'ordonne l'altitude moyenne des massifs orographiques qui les bordent, on trouvera, sous le même méridien, à Bergerac et à Agen :

Pour la Dordogne à 160 kilomètres de l'embouchure de la Gironde avec une pente plus rapide et un cours plus sinueux, 29^m ;

Pour la Garonne à 200 kilomètres de la dite embouchure avec une pente moins forte, un cours moins sinueux et la qualité de thalweg principal et central du bassin hydrographique du S.-O. (ce qui comporte nécessairement une situation plus basse), 27 mètres. (Raulin, *Age des sables*, etc., p. 16; *Nivell. barom. de l'Aquitaine*, p. 14).

Or, ces altitudes sont bien concordantes avec les altitudes relatives des points culminants, au-dessus des étiages ci-dessus mentionnés. Rampieux, je le répète, est le point le plus élevé de toute la section

comprise entre la Dordogne, la Garonne et le Drot. La carte de l'État-Major
le place à 235 mètres, c'est-à-dire, à 206 mètres au-dessus de l'étiage
de la Dordogne à Bergerac. La colline de Flotis, au N.-E. d'Agen, est au
contraire la plus basse des sommités principales qui bordent la Garonne
dans le massif de sa rive droite aux environs d'Agen, et M. Raulin lui
donne 186 mètres, c'est-à-dire 159 mètres au-dessus du fleuve à Agen ;
d'où il suit que, prise dans son ensemble, la pente du versant garonnais
du bassin de calcaire du Périgord est uniforme et régulière.

Certes, je n'ai pas le désir de rabaisser le mérite des observations et
des descriptions détaillées, très-détaillées même ! Bien loin de là, je
suis profondément convaincu que l'*analyse* est le seul fondement légitime
de la bonne et solide science d'observation ; mais quand il s'agit de
rendre sensibles et facilement saisissables les résultats de ces laborieuses
et minutieuses études, il est bon de passer sous le drapeau de la *synthèse*
qui est, après tout, le *corps* de la science dont l'analyse ne donne que
les *portions* élémentaires.

Dans les terrains tertiaires particulièrement, où tout ce qui est de la
géologie voit diminuer la constance et la fixité de ses caractères, où
tout s'amoindrit, se contracte, se localise, — dans les étages, surtout,
dont les assises ne présentent pas de faunes tranchées, et où les alternances marines, lacustres et fluviales se montrent avec tant de fréquence
et d'évidence incontestée, il me semble à désirer qu'on ne tende pas de
préférence à multiplier les divisions auxquelles on est accoutumé à
attribuer un rang d'importance que semble consacrer l'application d'une
dénomination nouvelle.

S'il m'était permis de franchir une fois de plus les limites spéciales
imposées à mes recherches, pour étayer d'un exemple ce que je viens
de signaler comme une variabilité familière aux formations rapprochées
de la période actuelle, j'emprunterais cet exemple à M. Raulin qui, en
parlant du « changement de faciès » de son calcaire gris de l'Agenais,
ajoute 1° qu'à Castelnau-de-Grattecombe il contient *des meulières* (caractère nouveau pour lui et qui lui est commun avec le calcaire du Périgord, — sorte de retour, peut-être, aux conditions qui constituent son
étage et montre qu'ils sont au moins liés par une affinité étroite) ;
2° qu'ailleurs (Agen, Tonneins, Saucats) il contient des ossements peut-
être paléothériens ; 3° qu'ailleurs encore (Sos, Casteljaloux) il renferme un lit *marin* avec huîtres et se peuple parfois (Saucats, Villan-
draut), d'une faune des eaux saumâtres. Ces caractères si variés et si

capricieux, qu'on ne retrouverait pas en remontant l'échelle des âges géologiques, perdent donc de leur importance, pour la classification, dans les terrains tertiaires, et il en est de même des répétitions de couches analogues, à des hauteurs différentes ; elles perdent grandement de leur gravité.

Au reste — et je ne veux pas terminer ce chapitre sans en faire l'aveu — nous avons, aux environs de notre bassin du Couzeau et dans la bordure du bassin d'eau douce de Sainte-Sabine, un cas fort obscur de position du calcaire d'eau douce et des meulières par rapport à la molasse. Il m'a beaucoup embarrassé, et M. Delbos s'en est préoccupé comme moi. Je crois que M. Gosselet y trouverait — et peut-être avec raison — une confirmation de ses idées sur la séparation du calcaire de Beaumont et du calcaire du Périgord ; mais je n'en suis pas encore venu à reconnaître clairement la nécessité de recourir à cette disjonction, car, dans la localité que je vais décrire, je ne vois qu'un banc de calcaire et non pas deux ; et en outre, je ne saurais affirmer que ce calcaire soit, pour M. Gosselet, celui *de Beaumont*, parce qu'il le regarde comme immédiatement supérieur au gypse de Sainte Sabine, et que ni lui ni moi ne connaissons dans ce bassin la position *exacte* de ce gypse par rapport à la craie. — Voici l'histoire et la description de ce fait local qui est, pour moi, sans analogue connu dans la petite région dont je m'occupe.

Au commencement d'octobre 1845, j'adressai à M. Delbos une coupe *itinéraire* et *non proportionnelle*, que nous n'avions pas suivie ensemble, mais que j'avais relevée depuis son voyage en Périgord. C'est celle de Bannes à Cadouin par Molières, avec retour de Cadouin à Bannes par Saint-Avit-Sénieur. Je la donne ici, quoique M. Delbos l'ait reproduite en petit dans son mémoire cité plus haut (*Formation d'eau douce du bassin de la Gironde*, pl. XII, fig. 6). Dans le texte, p. 268, il ne dit que quelques mots de cette coupe, à propos des meulières ; je crois donc devoir transcrire les développements dont je fis suivre ma communication, et j'emploie les mêmes lettres indicatives que lui.

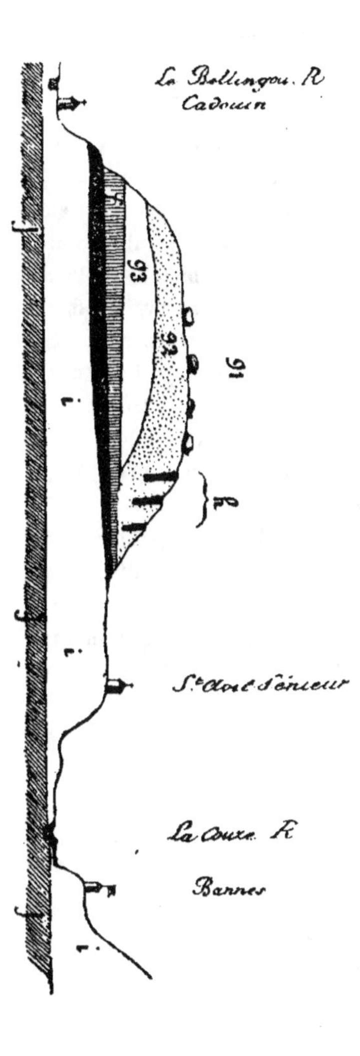

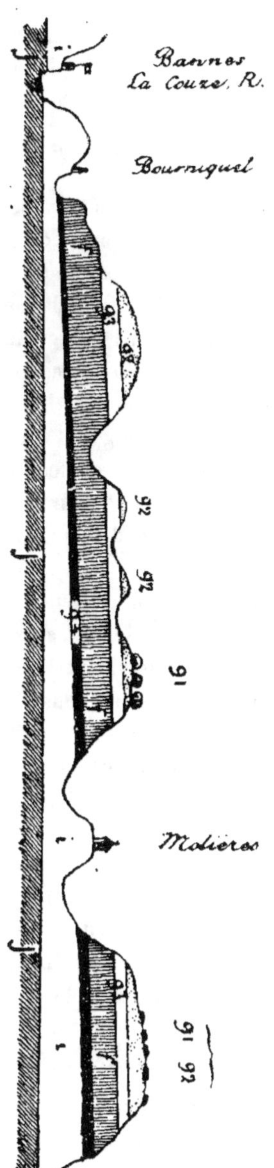

LÉGENDE. — *j*.   Craie du 2ᵉ étage.
       i.   Craie du 1ᵉʳ étage.

g. 4. Argiles, graviers et sables rouges ou parfois jaunes.
f.   Calcaire d'eau douce blanc.
g. 3. Argiles rouge-de-sang, graviers et sables, argiles brunes.
g. 2. Sables, graviers pisolitiformes, blocs, *ferrugineux*.
g. 1. Meulières blondes, translucides.
h.   Puits pour l'exploitation du minerai de fer.

« Pour aller de Bannes à Cadouin par la route carrossable qu'on a récemment ouverte, on suit pendant quelque temps, en remontant le cours du ruisseau le Courage, le charmant vallon de Romaguet, si élégamment décrit par Jouannet ; puis on monte par un petit vallon latéral où la craie du 1er étage de M. d'Archiac (*i*) se substitue bientôt à celle du 2e (*j*) qui occupe les parties inférieures depuis Bayac (vallée de la Couze). La route est ferrée de craie, et les terres arables sont très-argileuses, rouges et propres à la culture du maïs. Vers le haut de la montée, on est sur les graviers et argiles rouges *g* 4, mais trop mêlées de terre végétale pour être nettement distinguées. On traverse le plateau, puis on descend vers l'église de Bourniquel, sise sur la craie du 1er étage, et on coupe un petit vallon sans eaux régulières. Dès qu'on en a franchi le thalweg, on retrouve le terrain d'eau douce *g* 4 à un niveau bien inférieur non-seulement au sommet du versant qu'on vient de quitter, mais même, évidemment inférieur à l'église. Ce terrain (1), mêlé à la terre végétale, comme nous l'avons vu tout-à-l'heure, est presque masqué par les cultures, en sorte qu'on atteint directement un affleurement de calcaire blanc d'eau douce *f*, où je n'ai pas aperçu de fossiles et qui, comme partout ailleurs dans nos environs, n'a que quelques mètres d'épaisseur.

En continuant à monter, on retrouve le *faciès* de la molasse telle que je l'ai décrite à Lanquais (sables plus ou moins colorés, argiles brunes, graviers et surtout argiles *rouge-de-sang*) *g* 3. Au-dessus de ces dépôts, on passe au terrain ferrugineux *g* 2, dépendant de la molasse, formé de sables, graviers et blocs durcis par le ciment de fer et dont les menues parcelles, disséminées dans l'argile rouge, simulent des *pisolithes* ferrugineux désagrégés. C'est dans ce terrain *g* 2 que s'ouvrent les trous de

---

(1) Dans la coupe publiée par M. Delbos, le ressaut qui porte l'église est placé un peu trop bas, et tout le côteau est figuré comme appartenant à la craie du 1er étage. Ces détails auraient trop compliqué une coupe dessinée sur une si petite échelle. J'ai replacé l'église où elle doit être.

mine (dont j'ajoute l'indication h à l'un des côteaux profilés dans la coupe). Il présente ici, et avec des caractères moins tranchés, le même aspect que celui qui sépare *Boyer* de *Caillade* (entre Lanquais et Beaumont).

Enfin, sur le plateau, qui est sablonneux et sylvatique, on commence à apercevoir les blocs isolés et les fragments de meulière (g 1) blonde ou rouge, translucide et parfois jaspoïde, qui caractérise les environs de la petite ville de *Molières* et probablement toute la contrée nommée *Forêt de la Bessède*, laquelle, vue de la sommité dite *la Salvetat de Cadouin*, paraît s'étendre vers le S. à 40 ou 50 kilomètres.

Avant d'arriver au plateau très-élevé dont je parle, il nous a fallu traverser quelques dépressions peu profondes. Le fond de l'une d'elles (la première en partant de Bourniquel) est formé par la craie du 1ᵉʳ étage; celui de la deuxième est formé par le calcaire d'eau douce, et les éminences qu'on aperçoit de divers côtés sont *blanches* sur leurs flancs et parfois jusqu'à leur base, ce qui accuse la présence du manteau que ce calcaire forme en s'étendant à gauche dans la direction du N. jusqu'à Pontour, sur la rive gauche de la Dordogne. Le fond de la troisième dépression ne s'abaisse que jusqu'aux argiles rouges superposées audit calcaire.

En descendant du plateau à meulières vers la ville de Molières, on passe sur une terre argileuse, glaiseuse, que la pluie change en boues abominables et qui représente nécessairement la couche g 3; puis, tout-à-coup et au bord du versant, on se trouve sur le calcaire d'eau douce dont la pente peu rapide efface l'escarpement, mais qui, comme d'ordinaire dans la *bordure du bassin*, n'a que quelques mètres d'épaisseur. Là, la descente devient plus rapide et ce calcaire se montre à nu : on fait *trois* ou *quatre pas* sur un affleurement d'argile rouge-de-sang (couche g 4 de la coupe), et on pose enfin le pied sur la craie jaune du 1ᵉʳ étage, semblable à celle du vallon de Peyrou (*Radiolites Bournonii, Hippurites radiosus* et *Lamarckii?*), qui forme le fond des deux petits vallons entre lesquels s'élèvent le promontoire de la même craie sur lequel Molières est bâti.

Après avoir traversé le second de ces petits vallons pour suivre le chemin de Cadouin (lorsque j'ai relevé cette coupe, la route carossable de Molières à Cadouin n'était pas encore ouverte; je parle donc du vieux chemin), — on reprend à mi-côte le calcaire d'eau douce f sans avoir pu distinguer la couche g 4, et l'on atteint de nouveau le grand plateau sylvatique g 1 où, cette fois, je n'ai vu que de menus fragments de meulière, et point de blocs.

Enfin, on descend sur Cadouin (vallée du Bellingou) par un vallon latéral, sans trouver visible le manteau de calcaire d'eau douce f. La couche g 3 passe insensiblement, au milieu des bois, à la couche g 4, dont le membre inférieur offre un escarpement de 4 à 5 mètres, formant sablière exploitée (sable rouge et jaune, mêlé d'argile de mêmes couleurs), et on atteint la craie du 1er étage avant le fond du vallon où une fontaine envoie son tribut au Bellingou.

Pour se rendre de Cadouin à Saint-Avit-Sénieur, on revient vers le S. S.-O. en remontant la même pente jusqu'au dessus de la sablière g 4, et c'est dans l'épaisseur même de cette couche (graviers et argiles rouges-de-sang) suivie pendant une cinquantaine de mètres, que s'embranche le vieux chemin de Saint-Avit. Immédiatement après ce point de jonction, on voit le calcaire d'eau douce affleurer sous la forme d'un escarpement très-net d'un mètre de haut ; puis aussitôt il disparaît sous les couches meubles que j'ai décrites, et on ne le voit plus sur le plateau ondulé, couvert de bois et de bruyères, qui forme le versant de la forêt de la Bessède du côté de Saint-Avit. On descend par petits ressauts où paraissent seuls la terre végétale et les trous de mine (h) ouverts dans la couche g 2, jusques sur la croupe ou promontoire de la craie du 1er étage, où le bourg de Saint-Avit est bâti. On descend ainsi, sans quitter cet étage, par un vallon très-profond qui rejoint celui de Sainte-Croix et la route, dès-lors carrossable, que M. de Laulanié a établie pour le service de ses belles forges (non mentionneés par Cassini). Au fond du vallon de Sainte-Croix, on retrouve la craie du 2e étage, et peu d'instants après, on débouche de la vallée de la Couze, à 2,500 mètres en amont du moulin de Bannes. »

Le 24 Octobre, M. Delbos me fit part de quelques objections et me demanda quelques éclaircissements nouveaux sur la coupe ci-dessus décrite. Je lui répondis, le 10 Novembre, ainsi qu'il suit :

« Ce qui vous embarrasse dans ma coupe, c'est 1° le dépôt supérieur au calcaire d'eau douce, dépôt duquel j'ai dit que son *faciès* ressemble beaucoup à la molasse de Lanquais. On ne peut *coiffer* des *alluvions anciennes* au moyen des meulières ; donc, il faut renoncer à voir là un dépôt analogue à ces alluvions. *Le fait est là :* entre Bourniquel et Molières, on monte du calcaire d'eau douce f à la couche g 3 ; 2° qu'en descendant du plateau à meulières dans la direction de Molières, on recoupe successivement les couches *g* 3 , *f* et *g* 4 avant de poser le pied sur la craie ; 3° qu'en montant de Cadouin à Saint-Avit , on passe de nouveau de la craie à la couche *g* 4 , puis à la couche *f* , puis aux couches *g* 3 et *g* 2 mélangées , sur lesquelles on trouve des fragments de meulières. Je ne puis rien changer à cela : il y a de ce terrain à aspect de molasse plus bas (!) et plus haut (!) que le calcaire d'eau douce.

Vous me demandez s'il y a *superposition bien évidente*. Je réfléchis , et je vois qu'il n'y a pas de coupe verticale d'ensemble , mais seulement des *successions* observeés et inventoriées , le crayon à la main , en suivant la pente des côteaux. Voici donc l'explication que je propose. — Il faut considérer que :

1° La localité dont il s'agit appartient *aux bords du bassin d'eau douce* de Sainte-Sabine , car du calcaire d'eau douce de Bourniquel et de la lisière de la forêt de la Bessède , comme de celui de Fonblanquat , Beaumont , Monsac , Faux et Verdon , il n'y a , pour atteindre la vallée même de la Dordogne , qu'une demi-heure , une heure ou deux heures de marche assez rapide ;

2° Le calcaire doit être *plus mince* aux bords que dans l'intérieur de ce bassin ;

3° *Les bords* du bassin sont évidemment plus élevés que son centre , car le clocher de Saint-Avit , qui est sur la craie et dont la base est cotée à 164 mètres , s'aperçoit de 20 kilomètres tout à l'entour , et domine évidemment Beaumont et les autres localités que je viens de citer. A partir des Pailloles (commune de Lanquais) , le terrain d'eau douce à calcaire et à meulières va s'abaissant vers Faux , Issigeac et Sainte-Sabine ;

4° L'arête culminante des bords du bassin ne peut pas être originairement formée par le calcaire d'eau douce , car si le lac qui a déposé celui-ci n'eût pas été *contenu* , il n'aurait pu déposer son sédiment; et en effet , Beaumont , le Peyrou , Bardou , Montaut d'Issigeac , Boisse , etc. , où le calcaire forme *nappe* au sommet des côteaux , sont plus bas que les bords (non détériorés postérieurement) du bassin. Ces bords sont donc formés *d'autre chose* et de quelque chose de *plus ancien* que le calcaire d'eau douce. Il suit de là que celui-ci doit avoir sur ses bords une *manière d'être* différente des allures qu'il présente dans l'intérieur du bassin ;

5° En effet , lorsqu'il forme *nappe* au-dessus des terrains plus anciens , il arrive , ou qu'il est *à nu* sur le sommet de côteaux incultivables ou cultivés seulement en vignes (Peyrou , Fonblanquat , etc.) , — ou qu'il est recouvert, comme le plateau de la Beauce, par une terre arable argilo-calcaire, épaisse de moins d'un mètre, excellente pour le blé, et mêlée de pierres blanchâtres qui sont des débris du sous-sol. Quant à la terre elle-même, ordinairement noirâtre, c'est la vase du lac calcarifère, qui s'y est amassée après le dépôt du calcaire pur, et le *départ* de la silice des meulières (Faux, Issigeac, Bardou, Naussanes, Rampieux, Montpazier. etc., toute la plaine enfin de ce bassin, depuis les Pailloles jusqu'au Drot);

6° Les choses se passent tout différemment *sur les bords* du bassin, entre Bourniquel, Cadouin et Saint-Avit. Là, point de surfaces planes à terre noire avec pierres blanches, point de sommets incultes recouverts par le calcaire *à nu*. Lorsque celui-ci se montre, c'est sur le penchant des côteaux et avec une épaisseur minime : point de coupe verticale qui le montre *formant nappe* sous le terrain ferrugineux ; là où nous voyons la meulière, nous ne voyons pas de calcaire ;

7° Remarquons, en outre, que le calcaire d'eau douce manque sur beaucoup de points où l'on passe *sans transition* du terrain ferrugineux à la craie (Saint-Avit), comme vous l'avez vu vous-même auprès de Lanquais, à l'extérieur de la bordure du bassin de Sainte-Sabine;

8° Remarquons enfin que les grès ferrugineux de la molasse, dans la forêt de Lanquais, sont posés *en couronne, autour et un peu au-dessous* du mamelon qui les porte.

De toutes ces considérations combinées, je crois pouvoir conclure, ajoutais-je dans ma lettre à M. Delbos, qu'il y a lieu de douter que le calcaire d'eau douce s'étende *en nappe* sous la couche $g\,3$, dont je n'ai marqué la terminaison *sur la craie*, ainsi que celle des couches $g\,4$ et d, du côté de Saint-Avit, que par des lignes *ponctuées,* parce que je ne les ai *vues* que du côté de Cadouin. En conséquence de ce doute, ne pourrait-on pas suppposer : 1° que le calcaire d'eau douce *associé à la meulière* forme un *manteau sur les côteaux de molasse* qui forment *le bord* du bassin de Sainte-Sabine; — 2° qu'il existe un niveau que le calcaire ne dépasse pas, et au-dessus duquel la meulière pourrait encore se substituer à lui; — 3° enfin, que les parties du calcaire qui jadis occupaient les dépressions, et par conséquent analogues au *fond du lac calcarifère,* auraient pu être subséquemment disloquées et entraînées par les courants qui se sont établis dans ces dépressions et les ont approfondies?

M. Delbos n'accepta pas cette explication, fort hypothétique, je l'avoue. Il corrigea ma coupe, et étendit uniformément le calcaire f en forme de nappe entre les couches $g\,4$ et $g\,3$, en se bornant à l'amincir aux deux extrémités du dessin. J'ai dû respecter sa décision et maintenir ma coupe telle qu'il a jugé nécessaire de l'amender. Je renonce donc à l'hypothèse que je viens d'exposer et à une seconde explication, moins probable encore, que cet habile géologue a également repoussée. Puisqu'il n'admet pas que les bords du calcaire d'eau douce puissent être simplement *appuyés à une certaine hauteur contre la molasse* qui se montrerait ainsi, *indifféremment, au-dessus et au-dessous de ce calcaire,* je demeure, *comme lui,* incapable d'expliquer cette anomalie locale, dont des études nouvelles pourraient seules, peut-être, dissiper l'obscurité. Je me borne à montrer *les faits,* et les voici, synoptiquement énoncés dans le diagramme suivant :

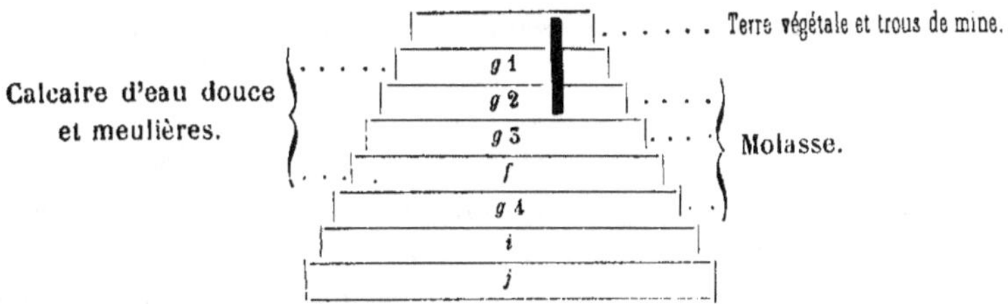

Les études que j'ai faites depuis 1845 m'amènent en effet à considérer comme terrain molassique éocène tout ce qui, dans la région qui fait l'objet de mon travail, sépare la craie du diluvium, lorsque le calcaire d'eau douce et les meulières manquent; et c'est *partout* qu'ils manquent, dans l'intérieur du bassin hydrographique du Couzeau. Ici, au contraire, je crois reconnaître *cette même molasse* au-dessus comme au-dessous du calcaire, et je dois par conséquent, sans pouvoir l'expliquer, en conclure qu'il y existe une sorte de *pénétration double* et réciproque, du terrain de molasse et du terrain de calcaire d'eau douce et meulières. Le mot de cette énigme se trouve-t-il dans les deux ou trois calcaires et les deux ou trois dépôts molassiques de M. Gosselet? — Se trouve-t-il dans les trois ou quatre calcaires et les argiles, molasses et marnes si multipliées de M. Raulin ?

On le saura un jour, j'espère; et, pour avoir le droit de me taire là où j'ignore, je suis heureux de rappeler que je ne me suis engagé à *décrire* que le seul bassin hydrographique du Couzeau, et ses rapports avec la vallée de la Dordogne.

A ce dernier point de vue, j'ai été amené dans le chapitre Ier de mon travail (p. 77-80 des Actes, p. 15-18 du tirage à part), à exposer comment a dû se former l'arête qui constitue le partage des eaux entre la vallée où coule la Dordogne et le versant garonnais du bassin de calcaire d'eau douce : je ne puis, en ce qui concerne la détérioration des bords du bassin *subséquente à leur dépôt*, — je ne puis que m'en référer à cette partie du chapitre Ier.

TERRAINS POST-PLIOCÈNES

§ VII. — **Diluvium** (**des géologues de l'école de Cuvier**).

1er LIT DE LA DORDOGNE.

A. *Observations préliminaires; difficultés de la terminologie.*

« Évidemment, » disait, il y a peu de temps, le savant secrétaire du Comité scientifique des Sociétés savantes, — « évidemment, il reste » beaucoup à faire dans tout ce qui touche à la période quaternaire. » C'est aujourd'hui la partie la plus obscure de la géologie. C'est par de » nombreux travaux entrepris partout à l'aide de patientes observations, » et non par les hypothèses d'une ingénieuse imagination, que l'on peut » espérer d'arriver à jeter quelque lumière dans des questions où les » hommes les plus éminents n'ont encore pu trouver de solution satis- » faisante. (Émile BLANCHARD : *Revue des Sociétés savantes,* scienc., » math., phys. et natur. du 25 décembre 1863, t. V, p. 12.) »

Aussi, de l'aveu de tous les géologues, LEUR *diluvium* est très-polymorphe, et il ne peut en être autrement. Les grands animaux actuellement éteints ne se retrouvent pas *tous* et *partout* ensemble dans ces *diluvium* divers. N'est-il pas permis, nécessaire même, de conclure de là que ces *diluvium* divers n'ont pas été déposés par un même cataclysme, et qu'on aurait à y distinguer des *époques* différentes ? Ce qu'il y a de difficile, c'est de déterminer ces distinctions. Elles ne peuvent reposer que sur des détails de composition, de stratigraphie, de chronologie; hors de là, il est impossible de distinguer théoriquement les phénomènes *diluviaux* des phénomènes *alluviaux*. Ces réflexions me sont inspirées par la réponse qu'a faite, sous le nom d'*Observations*, etc., M. le marquis de Vibraye à la communication de M. l'abbé Bourgeois (même cahier du *Bull. de la Soc. géol.*, 2° sér., 1863, t. XX, pp. 238 à 243).

Le savant académicien, qui ne fait nulle difficulté d'avouer combien
cette question compliquée exige encore de recherches et d'études avant
qu'on arrive à une solution définitive et complète, y parle de *dilu-*
vium solognot, de *diluvium gris*, d'*assise du diluvium rouge* dans les
grottes d'Arcy-sur-Cure (Yonne), de *faunes confondues* sous le rapport
stratigraphique lorsqu'on explore sans précautions suffisantes les grottes
à ossements, etc. Il indique évidemment par là qu'il n'est que trop
facile, à ses yeux, de confondre des choses fort différentes, de prendre
les apparences de prime-saut pour des réalités, et je me joins sincère-
ment à lui pour refuser « de prendre part à cette course rapide qui s'ef-
» force de nous entraîner ou plus vraisemblablement peut-être de nous
» dépasser » (p. 239).

On appelle aussi *terrain diluvien* ces immenses apports clysmiens qui,
descendus des sommités alpines et pyrénéennes, forment des dépôts
puissants et horizontalement stratifiés, parfois à plusieurs étages, dans
le fond des vallées de ces chaînes, et que l'école glaciaire revendique
comme siens (Leymerie : *Esquisse géognostique de la vallée de l'Ariége*,
in Bull. Soc. géol. de Fr., 1863, 2ᵉ sér., t. XX, p. 282; etc., etc., etc.).
Tout cela ne peut être de la même époque, ni contemporain de tous les
autres *diluvium*, ni dû à un phénomène unique, puisque les restes
d'animaux perdus ne s'y rencontrent pas dans le dépôt « qui constitue
» le sol de la vallée, » mais à l'embouchure de certains petits vallons
latéraux, et que « cette action des eaux diluviennes a dû avoir des
» périodes de violence et de calme » (Leymerie : *Ibid.*, p. 289).

La confusion des termes va même si loin que, dans une note sur les
silex taillés de Pont-Levoy (Bull. Soc, géol. de Fr., 1863, 2ᵉ sér., t. XX,
p. 535-542), M. l'abbé Bourgeois, qui paraît rapporter son *diluvium* au
déluge historique (mosaïque), comme M. Boucher de Perthes le fait lui-
même lorsqu'il oublie qu'il accorde ailleurs à l'homme des milliers de
siècles d'existence avant ce cataclysme, — M. l'abbé Bourgeois, dis-je,
parle (p. 537) d'une *alluvion probablement* ANTÉRIEURE (sic) *au dilu-*
vium ! !

D'un autre côté, dans une *Note sur deux silex taillés* trouvés dans le
terrain quaternaire des environs de Madrid (*Bull. Soc. géol. de Fr.*,
1863, 2ᵉ sér., t. XX, p. 698-702), MM. de Verneuil et Lartet traitent
d'ALLUVIONS *quaternaires* les dépôts dans lesquels, en France et en Angleterre comme en Espagne, « on a constaté l'association de produits
» del'industrie humaine avec les restes de plusieurs espèces éteintes de

» mammifères et entr'autres ceux de l'*Elephas primigenius*, » tandis que M. Cassiano de Prado, géologue espagnol, qualifie d'*inférieurs au* DILUVIUM *général du plateau* les dépôts voisins de Madrid où il a rencontré une hache avec des molaires de l'*Elephas africanus* qui vit encore de nos jours dans cette partie du monde. — Inutile de dire avec quelle sympathie nous accueillons la détermination géognostique proclamée par les deux éminents et respectables savants, nos compatriotes !

Somme toute, la nomenclature des matériaux de cette vaste question aurait grand besoin d'être révisée et fixée, pour arriver à un résultat bien désirable, à savoir que tous *emploient les mêmes mots pour désigner les mêmes choses* : peut-être alors on réussirait à s'entendre ! Évidemment, l'ancienne division (*diluvium* pour tout ce qui est antérieur à l'homme, — *alluvion* pour tout ce qui lui est contemporain ou postérieur) serait bonne à conserver quoiqu'illogique, puisque l'homme vivait lors du *déluge* historique ; mais dans la confusion actuelle des appellations, elle n'a plus un sens suffisamment précis pour tout le monde (1).

B. *Généralités.*

Ici cessent les terrains régulièrement déposés ; ici cesse aussi, non leur ordre chronologique du dépôt, mais l'ordre *apparent*, dans une vallée *à plusieurs étages*, de ce dépôt. La *superposition géologique* est dès-lors changée, quant à l'altitude, en *infrà-position chronologique.*

---

(1) Mon mémoire était presque achevé lorsque j'ai lu dans le Rapport de M. Cotteau sur les Progrès de la Géologie en 1863 (*Annuaire* 1864 *de l'Institut des Provinces*, p. 227-229) que M. Scipion Gras se refusait encore alors à croire à la contemporanéité de l'homme et des grands mammifères éteints — et, ce qui est beaucoup plus grave que l'explication proposée par ce géologue pour justifier leur existence simultanée dans des dépôts *non remaniés*, que M. Eug. Robert, membre de la Société géologique de France, croit reconnaître « à 10 ou 12 mètres au-dessus de la berge » actuelle de la Seine, à Vitry, dans un sable *diluvien* à ossements quaternaires et à » débris *celtiques* et GALLO-ROMAINS, un gisement dont les conditions se trouve-» raient *exactement les mêmes* que celles du fameux dépôt du Saint-Acheul. »

Des débris de l'industrie *gallo-romaine* constitueraient assurément, à mes yeux, la conquête la plus précieuse que pût faire l'étude de la question, et j'ai toujours la confiance qu'un jour où l'autre ce sera d'une façon semblabble ou analogue que finira la discussion qui a tant ému le monde savant ; mais enfin, ce n'est pas encore un fait *constaté*, et, fort des documents que me fournissait déjà la science, je n'ai pas voulu faire usage de ce document encore trop vague pour lui donner place dans les discussions purement scientifiques qui forment les éléments de mon travail.

En d'autres termes, pour aller du dépôt le plus ancien au dépôt le plus
récent, dans la coupe d'une telle vallée, il faut non les chercher l'un
sur l'autre de *bas en haut,* mais les rencontrer successivement en allant
de *haut en bas.* Cela se conçoit fort bien : le dépôt le plus ancien a été
fait sur une surface peu creusée, sur l'ébauche encore faible d'une vallée,
et cette première ébauche a été *approfondie* par l'écoulement des eaux
et des matériaux de ce dépôt. Le thalweg de cette ébauche approfondie
est le *premier lit* des eaux de cette vallée, et son dépôt propre a couvert
ce thalweg, ses berges et les plateaux qui dominent celle-ci, puisque le
cataclysme avait tout enveloppé avant de creuser ou d'approfondir une
vallée déterminée.

Dans la vallée de la Dordogne, ces plateaux, ces berges, ce *premier
lit,* ont été uniformément recouverts par le dépôt du cataclysme nommé
le *diluvium* (des géologues); et par cela même qu'il se compose d'eaux
cataclysmiques, il emporte son propre dépôt, partout où la profondeur
et l'énergie du courant lui communiquent une force suffisante. Mais, là
où la profondeur est moindre (sommités, hautes pentes, plateaux),
cette énergie diminue à mesure que le phénomène décroît, et alors les
grands courants se forment peu à peu une sorte de *bords* où ils deviennent assez faibles pour déposer une alluvion. C'est cette alluvion ter-
reuse, sableuse ou caillouteuse qui subsiste encore, et que les géologues
nomment aujourd'hui le *diluvium.*

Après lui commence l'époque *quaternaire* ou époque des *alluvions,*
nécessairement moins *énergiques* dans leur ensemble que ne l'avait été
le *diluvium* proprement dit.

C'est donc alors qu'un nouveau cataclysme, une première *alluvion* proprement dite eut lieu. Elle passa *partout,* et emporta une certaine épaisseur du dépôt diluvial, en emportant aussi les matériaux qu'elle-même
avait apportés. Mais à son tour elle a diminué et s'est formé, dans le
1er lit, un lit d'écoulement *plus étroit.* Ce lit, elle l'a nettoyé et balayé
par sa propre force *jusqu'au* ROC *vif* sur lequel elle a laissé enfin se
déposer, à mesure que les courants s'affaiblissaient, son propre *apport.*

Dans la vallée de la Dordogne, ce *deuxième lit* est l'alluvion sablonneuse renfermant des produits *ignés,* qui constitue (dans le district
qu'embrasse mon travail) la plaine étendue depuis le pied de la falaise
de Varennes jusqu'au port de Lanquais, bord de la Dordogne actuelle.
Donc, au-dessus de cette falaise de Varennes, dans le *premier lit*
occupé par les terres du *diluvium,* on ne peut trouver et on ne trouve

pas en effet de cailloux provenant de roches volcaniques. C'est à raison de la présence de ceux-ci que je rapporte de préférence cette alluvion qui remplit le 2e lit, au *déluge historique.*

Dans le 2e lit s'est creusé en contre-bas un *troisième lit* plus étroit (le lit actuel) sous l'influence de l'écoulement des eaux qui avaient rempli le 2e lit. Ce 3e lit est l'encaissement *monolithe*, qui s'est approfondi depuis le déluge historique jusqu'à nos jours, dans cet espace si nettement caractérisé que j'ai pris pour type de ma description, et dont le fond, au *Saut de la Gratusse* et au *Pescairou,* commence à se creuser lui-même d'une rigole bien plus étroite encore, qui est l'ébauche d'un 4e lit.

Tel est l'ensemble de faits *matériellement évidents* que je me suis efforcé de retracer dans la coupe de détails ci-après, laquelle représente le développement du 7e étage (*diluvium* et *alluvions*) de la coupe générale.

Dans cette coupe *développée*, le n° 7 représente uniquement le *diluvium* des géologues *proprement dit*, qui, de même que l'avait fait la *molasse* (n° 4), ne s'est point déposé en couches régulières et horizontales, mais s'est *moulé* sur tous les reliefs et dans toutes les dépressions du pays qu'ils ont tous deux recouvert. Dans cette coupe développée, je ne les représente l'un et l'autre que là où ils subsistent ou peuvent subsister encore : tout le reste de leur masse a été emporté par les courants. Ils n'existent plus et ne peuvent plus exister au-dessous du niveau du *sommet de la falaise* ou *berge* qui sépare le *premier* du *deuxième* lit du fleuve.

Le *deuxième lit*, en contre-bas du *premier*, porte le n° 8, numéro *chronologique*. Si, comme j'ai cru pouvoir le déduire de la présence des cailloux d'origine ignée, cette alluvion répond au *déluge historique* de l'époque par conséquent *quaternaire*, elle a couvert aussi *tout le pays;* mais, rapide et violente, elle a emporté elle-même tous les matériaux qu'elle avait apportés, *si ce n'est* ceux qu'elle a déposés dans le 2e lit où la force de son écoulement s'est peu à peu amortie et finalement éteinte en creusant le *troisième lit*. Aussi, l'alluvion du 3e lit est-elle absolument de même nature (cailloux et sables) que celle du 2e lit qu'elle *continue,* en s'affaiblissant graduellement, jusqu'à nos jours. Ce *troisième lit*, en contre-bas du 2e, porte le n° 9.

Enfin, comme il fallait représenter tant bien que mal les alluvions modernes et même actuelles que les *affluents* de la Dordogne, petits ou grands, lui apportent sans cesse, je les ai figurées par une couche sans hachures n° 10, superposée *comme elle l'est réellement* au 2ᵉ lit n° 8.

J'ai donc ainsi, pour une coupe générale *théorique* et chronologique, dix dépôts successifs, de bas en haut, en allant du 2ᵉ étage de la craie de M. d'Archiac jusqu'aux alluvions des affluents qui se déposent encore aujourd'hui.

Ces explications de détail n'étaient pas, à vrai dire, nécessaires aux géologues; mais j'ai dû me préoccuper de faire bien comprendre, aux lecteurs qui ne le sont pas, l'ensemble et pour ainsi dire le mécanisme des faits dans le pays que j'ai voulu faire connaître.

Maintenant je vais me renfermer dans la description particulière de chacun des quatre dépôts dont il me reste à produire les détails; mais je dois faire remarquer que le calcaire d'eau douce et les meulières étant deux formations locales et qui n'existent que sur le versant de l'Agenais, où elles cachent absolument la formation crayeuse du bassin aquitanique, je n'ai point à en tenir compte dans la coupe développée de la vallée de la Dordogne.

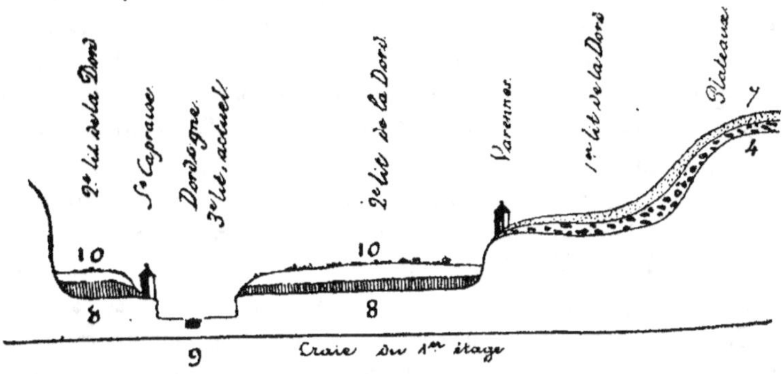

4. Molasse.

7. Diluvium (plateaux et 1ᵉʳ lit de la Dordogne).

8. Alluvion ancienne (2ᵉ lit de la Dordogne).

9. Lit actuel (3ᵉ) de la Dordogne, creusé par le rapide dit le *Pescairou* (rudiment d'un 4ᵉ lit).

10. Alluvion moderne des affluents de la Dordogne.

Je viens de dire en passant, et en me bornant à mentionner une seule
des raisons qui ont motivé mon choix, que l'alluvion qui remplit le **2ᵉ** lit
de la Dordogne me semble représenter le dépôt laissé par le *déluge his-*
torique. Ce choix, cette préférence est *purement hypothétique,* et le présent chapitre étant exclusivement consacré *à l'exposition des faits,* que
ne sauraient modifier les interprétations les plus diverses, je réserve le
développement de mon opinion sur ce sujet pour le chapitre Vᵉ, où je
traite la question diluviale en général, dans ses rapports avec celle des
silex taillés de main d'homme.

C. Description du diluvium proprement dit.

Faits généraux, appartenant au diluvium. — De tous nos dépôts
clysmiens, c'est le plus malaisé à décrire exactement, parce que c'est
le plus remanié, et par conséquent le plus *larvé.* En effet, nous ne pouvons savoir positivement si d'autres dépôts alluviaux moins importants
ne sont pas venus successivement compliquer sa composition, avant le
dépôt de la première des alluvions bien distinctes (celle qui a rempli le
2ᵉ lit du fleuve). Ne pouvant donc nous appuyer sur aucune trace encore
existante pour discerner *la marche* et *les agents* de ces divers évènements
géologiques, nous devons partir des *faits existants* et de l'absence des
dépôts que nous savons avoir eu lieu sur chacun des points que nous
voulons étudier.

I. Quand, sur un plateau, sommet ou pente supérieurs au 2ᵉ lit, nous
trouvons le *diluvium* à découvert, ou ses restes sans mélange de fragments calcaires, cela prouve que le *déluge historique* y a passé EN
LAVAGE, sans y laisser un dépôt reconnaissable de ses propres cailloux.

Quand les terres du *diluvium* sont mêlées de nombreux fragments
anguleux de craie (ce qui arrive fréquemment dans les hauts vallons,
mais jamais que je sache sur les sommités ou plateaux *dominants*),
cela prouve qu'un des cataclysmes *alluviaux* postérieurs au *diluvium* a
été accompagné d'écroulements des roches voisines, — écroulements
locaux, très-voisins ou peu éloignés, puisqu'il n'y a pas eu transport
suffisant pour changer les fragments *anguleux* en cailloux *roulés.* Je ne
connais de cailloux roulés de la craie que dans les cours d'eau *actuels*
ou du moins récents.

Je viens de dire que ces écroulements doivent être dus à un des cataclysmes de l'époque alluviale, postérieurs au *diluvium,* et cela est évi-

dent, parce que, si ces écroulements avaient été contemporains de ce cataclysme (et à plus forte raison antérieurs), il en eût charrié et roulé les débris (plus légers que les quartz et silex), et cela n'est pas.

Tout au plus pourrait-on penser que ces écroulements auraient eu lieu aussitôt après l'écoulement complet des eaux diluviales, et par suite de l'érosion qu'elles auraient fait subir aux roches surplombantes. Évidemment, cela peut être, mais je n'en connais pas de preuve directe.

Ces écroulements sont-ils dus à l'action du *déluge historique?* Évidemment encore, cela pourrait être; mais je n'en connais pas non plus de preuve directe ; et comme je ne trouve *ailleurs* aucune trace analogue du passage de ce cataclysme, ni aucun fragment de craie, ni aucun caillou roulé de craie, ni aucun caillou d'origine volcanique sur les terrains plus anciens que le *diluvium* et dénudés postérieurement à son époque, je crois plus rationnel de ne faire aucun choix, *même hypothétique*, entre les diverses alluvions, pour attribuer à l'une d'elles le mélange de ces écroulements avec les terres diluviales. Le fait existe ; mais je ne sais quelle explication précise on peut lui donner.

Un fait analogue se reproduit sur des pentes de craie absolument dénudées et qui sont couvertes de taillis de chênes; il est même assez fréquent dans nos hauts vallons. Les arbres croissent pour ainsi dire à nu dans les fentes de la pierre, et ses anfractuosités ne recèlent que quelques traces de *caussonal* (terre fort analogue et peut-être identique à celle du *diluvium*) et du terreau de feuilles. Tel est par exemple le ravin de la *Vache pendue*, entre Molières et le charmant vallon de *Romaguet*, qui aboutit à Bannes, dans la vallée de la Couze. C'est ce ravin de la *Vache pendue* qui, découvert et décrit par Jouannet comme la localité la plus riche en Sphérulites, Radiolites et Hippurites parfaitement dégagées de leur gangue, mit à la mode, vers 1825, l'étude des Rudistes qui n'avait été antérieurement qu'ébauchée et qui, depuis lors, est devenue si féconde pour la paléontologie et pour la géologie.

II. Quand, sur un plateau, sommet ou pente supérieurs au 2e lit de la Dordogne, nous trouvons *la molasse* à découvert ou ses restes, cela prouve que le *diluvium* a été emporté en entier, et que le déluge historique n'y a laissé aucun dépôt caillouteux.

Je rappelle ici que la molasse a *repris* les noyaux ou rognons de silex de la craie supérieure, rognons dont la gangue a été dissoute et emportée *avant* le dépôt de la molasse.

III. Quand, sur un plateau, sommet ou pente QUELCONQUES, nous trouvons à découvert la craie du 1er ou du 2e étages de M. d'Archiac, cela prouve que le *diluvium*, la *molasse* et la *craie à Faujasia* ont été emportés en entier, et que le *déluge historique* n'y a laissé aucun dépôt caillouteux ou résidu quelconque.

D. *Description particulière du* diluvium *dans la contrée décrite.*

Dans l'état de démantellement et de remaniement auquel le *diluvium* est actuellement réduit, je ne crois pas qu'on puisse attribuer à ce dépôt une épaisseur supérieure, tout au plus, à 3 ou 4 mètres, si ce n'est dans des enfoncements dans lesquels il est allé buter contre un obstacle.

Il se compose, soit de sables grossiers mélangés de très-menus graviers, à-peu-près purs ou mélangés d'une proportion plus ou moins forte d'argile, et nécessairement (puisqu'il donne de si bonnes terres) d'une certaine proportion d'éléments calcaires tellement atténués que la simple vue ne suffit pas à les apprécier. La couleur rouge appartient en propre à ces sables et à ces argiles, et par conséquent aux terres végétales que constituent leurs proportions infiniment variées ; mais cette couleur, par là même, est excessivement variable comme la bonté des terres elles-mêmes : elle oscille du *rouge clair* et jaunâtre au *rouge lie de vin* le plus foncé, violâtre ou noirâtre. On rencontre aussi dans certains cas, un *diluvium gris* ou plutôt blanchâtre. La couleur de ces sables et terres ne s'étend pas aux graviers et cailloux qu'ils contiennent : seulement, ces corps se teignent parfois à l'extérieur en jaune ou en brun, par suite de l'action du fer qui y est abondant.

Ce sont ces graviers et cailloux qui font reconnaître le *diluvium* et permettent de le distinguer de la molasse, qui n'en tient jamais de semblables ; mais cette propriété distinctive est loin d'appartenir à tous. En effet, la molasse et le *diluvium* ont nécessairement et naturellement en commun des sables quartzeux qu'on ne saurait distinguer par eux-mêmes, et par conséquent des grains de sables plus gros qu'on nomme gros sable, graviers et petits cailloux roulés. Tout cela, en soi-même, je le répète, ne peut se distinguer des sables, graviers et cailloux de quartz hyalin que roulent les cours d'eau actuels, et dont la couleur est blanche, grise, jaune, rose, rouge, etc.

La molasse et le *diluvium* ont encore en commun les silex de la craie à *Faujasia*, repris puis délaissés par la première, et repris de nouveau par le second ; mais — et cela est facile à comprendre — ces silex sont bien plus abondants dans la molasse que dans le *diluvium*, puisque nous avons encore de vastes masses de molasse qui nous les livrent *de première main*, tandis que le *diluvium* ne nous livre que leurs restes, et cela *de seconde main*.

Les silex des craies *antérieures* à la craie à *Faujasia* manquent *absolument*, si je ne me trompe, à la molasse, et ils abondent dans le *diluvium*, dont ils deviennent ainsi l'élément *essentiellement* caractéristique. Ce sont des silex parfois noirs, presque toujours bruns, compactes, opaques, roulés. Parmi eux, il y en a beaucoup de *pseudomorphiques* (Alcyons surtout, et particulièrement les *Siphonia pyriformis* Golf. et *ficus* Goldf.; polypiers branchus; échinides de divers genres, en moules; puis, plus rarement ici, plus fréquemment ailleurs, des tests silicifiés de coquilles de la craie, tels qu'on les trouve dans les graviers du Libournais et du Bordelais (1), car tous les débris de ce qui constitue l'écorce des continents a toujours été et sera toujours, en vertu des lois de la pesanteur et autant que le permettent les obstacles interposés, en marche vers le réceptacle commun, vers l'abîme des mers).

Ces cailloux, toujours roulés quand ils viennent réellement du *diluvium*, sont en général d'un brun foncé et leur *facies*, sinon leur forme individuelle, est tellement tranché qu'avec une habitude un peu longue on ne s'y trompe que rarement. Ils sont disséminés sans ordre dans les sables purs comme dans les terres; mais on peut dire qu'il n'y a plus, ou presque plus de ces terres qui ne soient remaniées par la culture, et elles en valent bien la peine! Céréales, vignes, prairies même quand on peut les arroser, elles sont bonnes pour tout. Quand le cultivateur est gêné par ces cailloux diluviaux, il épierre son terrain. Des plus gros et des moyens il fait des murs de clôture ou des meurgers, ou bien il en remplit les chemins creux et les sentiers, où leur accumulation avertit qu'on en retrouvera dans les guérets voisins. C'est ainsi que je suis parvenu à reconnaître, puis à vérifier, d'une manière pour ainsi dire directe, que toutes nos terres supérieures au *deuxième lit* de la Dordogne sont des terres originairement *diluviales* (à moins que la molasse n'y soit à découvert) ou *remaniées* par leur mélange avec les terres molassiques.

---

(1) Voir à ce sujet le Mémoire de feu Billaudel, ingénieur en chef à Bordeaux, dans les *Actes* de la Société Linnéenne, t. IV, p. 227 (*Essai sur le gisement, la nature, l'origine et l'emploi des cailloux roulés qui servent à la construction des routes dans la Gironde*; 1830).

De là les divers degrés de bonté de ces terres arables ; de là la confusion apparente des éléments pierreux de chacune d'elles.

Quant aux hauteurs, vallons, croupes ou plateaux inférieurs dont j'ai parlé plus haut comme renfermant, dans leurs terres arables et originairement diluviales, des *fragments anguleux de craie*, on ne saurait se faire une idée de l'abondance de ces fragments souvent fort gros. En traversant le massif élevé par où passait l'ancien chemin de Couze à Cadouin (Bourniquel, Cardou), j'ai vu des vallons entiers, où croissaient de très-beaux maïs, inutilement purgés de masses gigantesques de ces fragments rassemblés en murs de séparation ou en meurgers, et qui en contiennent encore en si grande quantité qu'en suivant à cheval les chemins, on ne voit *littéralement* pas la terre.

Je ne reviendrai pas sur ce que j'ai dit relativement à la présence du minerai de fer dans le *diluvium*. Je me borne à rappeler que les sucs ferrugineux y agglomèrent parfois du sable, des graviers, des cailloux et des blocs appartenant aux divers terrains antérieurs, et il en résulte une sorte d'*alios* ou *poudingue* grossier, analogue à celui que, dans la Gironde, M. Jacquot place à la base du *diluvium* de l'Entre-deux-Mers, mais en le considérant comme partie intégrante des terrains tertiaires et équivalente aux sables des Landes (1).

Enfin, c'est, sans aucun doute possible, à notre *diluvium* sablonneux, graveleux et rouge qu'appartenait la défense d'éléphant que j'ai vue entière et partiellement enveloppée de sa gangue, mais dont je ne possède plus que les fragments : elle a été retirée en février 1840, à 20 pieds (6^{m}66^c) de profondeur, du forage d'un puits dans la commune de Monsac.

C'est de lui que provenait également la molaire d'éléphant qu'on a donnée (malheureusement trop bien lavée et sans indication précise de localité) à M. de Gourgues. Je n'y ai trouvé *moi-même* qu'un fragment d'huître du groupe *biauriculata*, très-roulé et recouvert d'*orbicules* (Alex. Brongn.).

---

(1) Voir le mémoire de M. Jacquot, intitulé : *Note sur l'existence et la composition du terrain tertiaire supérieur de la Gironde* (Act. Acad. de Bordeaux, 3e sér., 24e année, 1862, p. 141-161). C'est à la page 158 que l'auteur formule son opinion. corroborée par les vues d'ensemble de Dufrénoy, mais en opposition avec celle de MM. Billaudel, Raulin et Jos. Delbos, — en opposition également avec celle que je suis forcé d'adopter pour les poudingues périgourdins, puisque les terrains tertiaires *pliocènes* manquent totalement dans la région que j'étudie.

Après ces longues *généralités*, il me reste à décrire, comme exemple, deux bonnes localités diluviennes, deux bonnes coupes où le *diluvium* soit pur et en place, deux coupes enfin qui fassent reconnaître, sans hésitation possible, ses relations avec la molasse et avec la craie.

COUPE DU TROU DE LA TERRE AU BOIS DE GUINOT.

Le *Trou de la terre*, ai-je dit, est à 500 mètres, au plus, au S.-O. de la métairie de *la Graule* (commune de Lanquais). Il est situé au pied du grand escarpement molassique et au fond d'un étroit carrefour formé par quatre ravins décorés, ici, du nom de chemins. A l'aide de celui qui se dirige à l'Ouest et qu'encaissent, pendant l'espace de 300 à 400 mètres, deux berges à pic, hautes de 4 à 10 mètres, on parvient à s'élever le long du côteau qui surmonte le *Trou de la terre*, jusqu'au plateau du *bois de Guinot*. La berge droite de ce ravin constitue, dans toute sa longueur, une très-belle coupe du *diluvium rouge,* avec tous ses caractères, sauf celui du lit inférieur de cailloux plus gros qu'on voit en d'autres endroits et qui est peut-être à un niveau plus bas que le chemin. Aux trois-quarts de la hauteur de la berge, ce *diluvium* rouge est remplacé par un *diluvium gris,* dont je parlerai plus tard et qui forme le sol de la pente du côteau et du plateau qui le termine (1).

Ce plateau qu'on traverse sur une longueur de près d'un kilomètre, porte le *bois de Guinot,* des vignes, de petites landes couvertes d'ajoncs, des terres arables et une vaste prairie humide dans son centre légèrement déprimé. Lorsqu'on est parvenu à l'extrémité du plateau en marchant vers le S.-O., on descend par un *ravin-chemin* qui passe auprès de *la Redoulie* (*la Redouilhe* de Belleyme) et s'ouvre dans un vallon (celui de Saint-Aigne), au vis-à-vis du château de Monbrun (*Monbriot* de Belleyme). Dans cette descente on retrouve, toujours à droite, mais d'une façon plus nette encore, le *diluvium* rouge qu'on a suivi depuis le *Trou de la terre* en montant sur le plateau. C'est un talus de 3 à 4 mètres de haut, exploité en sablonnière d'une qualité excellente. Le sable y est d'un jaune foncé tirant fortement sur le rouge, très-cohérent quoique sans ciment argileux (pouvant être complètement désagrégé à l'aide des doigts), contenant, en nombre incalculable, de très-petits cailloux

---

(1) Il est à remarquer que vers le centre et le nord de la France, on décrit le *diluvium gris* comme *inférieur* au rouge; en Périgord, il lui est *supérieur :* il est évident que ces caractères de coloration sont sans valeur.

roulés quartzeux, des cailloux semblables, mais moins nombreux, de roches quartzeuses micacées, fort altérées, et même de roches schisteuses micacées (rarement), et de plus, un petit nombre de cailloux roulés bruns, résinoïdes, caractéristiques de notre *diluvium*. C'est là que j'ai recueilli le petit fragment d'huître à orbicules siliceux.

Malgré l'absence de ciment appréciable, le sable de cette berge est si peu ébouleux que, depuis quarante ans que je le connais, le chemin ne s'est pas sensiblement élargi, et la sablonnière ne s'agrandit qu'à l'aide des exploitations successives. Les hyménoptères fouisseurs y creusent par milliers leurs demeures.

Feu M. de Lavalette-Monbrun a utilisé ce versant, dont le sol est à la fois sablonneux et caillouteux, couvert d'un maigre taillis de chênes, en y semant des *chênes-liéges* qui sont en état de production depuis plus de trente ans et sont devenus de grands et beaux arbres.

Diluvium GRIS. — Je nomme ainsi une couche supérieure au *diluvium* rouge, plus sablonneuse et plus meuble que lui, de couleur claire (grise ou jaunâtre), contenant absolument les mêmes sortes de cailloux, mais dans des proportions un peu différentes (moins de silex bruns à formes bizarres, et plus de quartz blanc roulé; moins de graviers ferrugineux, et plus de roches quartzeuses ou argileuses micacées, lesquelles sont dans un état de décomposition et de friabilité plus avancé). J'y ai rencontré un beau rognon cylindroïde de silex incrusté de débris de corps organisés et entre autres, ce me semble, d'une grosse Térébratule lisse, voisine du *T. Defrancii*. On y trouve même quelques cailloux roulés de roches de cette dernière sorte, presque granitoïdes, d'un volume plus fort et dont la forme, légèrement aplatie, semble se rapprocher de celle des *galets*. Ces caractères ambigus, dont aucun ne tranche nettement sur ceux du *diluvium* rouge, me porteraient à attribuer celui-ci à l'action de quelque circonstance locale, que je n'ai pas le moyen de déterminer. En effet, il ne se trouve pas partout; je ne le vois pas à l'est du Couzeau, et il couvre d'une calotte uniforme, sensiblement élevée au-dessus du niveau moyen du 1ᵉʳ lit de la Dordogne, le massif de *diluvium* rouge qui s'étend de *la Graule* à Saint-Aigne et à Monbrun. Il s'abaisse sur la Graule où il a une épaisseur considérable et où il se confond avec le *diluvium* rouge pour reposer sur les molasses du *Trou de la terre*; enfin, c'est là et dans son épaisseur qu'a été ouverte la sablonnière aujourd'hui abandonnée, dont l'escarpement est haut de 5 à 6 mètres, et où la friabilité des menus fragments de roches micacées est telle, que les doigts suffisent à les pulvériser, — circonstance qui tient peut-être à ce que cette pente extrêmement meuble et sans argile, est plus perméable aux infiltrations pluviales et à l'action des agents atmosphériques.

Sur tout le plateau, au contraire, il y a beaucoup d'argile pâle, mêlée au sable diluvial, et il en résulte une terre *boulbène* gris-blanchâtre, de qualité froide et marécageuse, extrêmement analogue à celle des terres des Pailloles où l'argile est fournie par la formation des meulières. De même qu'aux Pailloles dont le plateau domine de très-haut (et d'assez loin) celui du *bois de Guinot,* l'herbe dominante dans la grande prairie et dans la lagune de ce bois est l'*Agrostis canina* L., caractéristique des terres froides et glaiseuses qui retiennent l'eau. Est-ce donc des Pailloles que vient cette argile? Cela ne me paraîtrait pas improbable, d'autant que toutes les terres du 1ᵉʳ lit de la Dordogne, inférieures, dans la direction du Nord jusqu'à Monsagou à l'Est, et jusque vers Saint-Aigne à l'Ouest, sont aussi des *boulbènes* froides qui participent plus ou moins aux caractères de celles du plateau du *bois de Guinot.* Quant à son versant est, qui descend sur la molasse du *Trou de la terre,* je répète qu'il est si purement sablonneux qu'on y trouve (et c'est la seule localité à moi connue dans tous nos environs) le *Teesdalia nudicaulis,* petite crucifère éminemment caractéristique des sols meubles qu'on désigne sous le nom commun d'*arène.*

Ce même *diluvium* gris, interrompu au Sud par la dépression qui forme le vallon du *Tay* (prononcez *Taïe*) large de 700 mètres, reparaît sur la base nord de la Peyrugue, au même niveau où on l'a quitté sur le flanc méridional du côteau de la Graule; mais cette fois, il commence à se mélanger de fragments roulés de meulière, de silex et de quartz résinoïde, et il s'élève jusqu'au sommet du côteau.

Malgré la simplicité d'ensemble que présentent nos terrains, ces complications de détail et ces petites difficultés d'attribution ne peuvent manquer de se présenter parfois, et je n'ai pas la prétention de tout expliquer.

COUPE DE LA PEYRUGUE A COUZE.

Le vallon de Couzeau sépare deux massifs de côteaux dont la base visible des deux côtés dans le bourg même de Lanquais sur la rive gauche, plus dénudée encore sur la rive droite, est formée par la craie du 1ᵉʳ étage de M. d'Archiac.

Le massif de l'Ouest, qui se lie aux molasses de la forêt de Lanquais sous lesquelles il ne tarde pas à disparaître, est dominé par un gros mamelon obtus, nommé *la Peyrugue* (130ᵐ approxim¹), — et ce nom est significatif. En montant du bourg de Lanquais au sommet de ce mamelon, on passe par un vallon où la molasse montre à nu de petits escarpements de ses argiles les plus *sanglantes* (j'en ai parlé plus haut); puis des prés, des bois, des cultures et des vignes qui couronnent le sommet.

Le revers sud-ouest de ce sommet était, il y a peu d'années encore, la localité la plus riche en cailloux *diluviens* et surtout en silex *résinoïdes,* que nous eussions dans les environs. Ces cailloux couvraient entièrement le sol, à tel point qu'il n'y pouvait croître qu'un petit nombre de ronces, de bruyères et d'ajoncs. Maintenant on les a enlevés et on a défoncé le sol formé par le *diluvium* gris qui nourrit de maigres cultures en vigne et en céréales, et rémunère tant bien que mal les travaux pénibles qu'elles ont coûté.

Le reste de ce revers (nord-ouest) est recouvert d'un semis de pins maritimes qui sont devenus de fort beaux arbres et d'un semis d'acacias (pour échalas); ceux-ci ont bien prospéré et montrent ainsi la présence des sables de la molasse qui, de là, s'étendent dans la forêt de *Campagnac* et aux abords des châteaux de *Verdon* (commune de ce nom), de *Cussac* et de *Cireygeol* (commune de *Saint-Germain-de-Pontroumieux*) où le calcaire d'eau douce vient border la vallée de la Dordogne.

La localité de la Peyrugue est assez intéressante pour que je complète sa description par un fragment de l'explication adressée par moi en 1845 à M. Delbos, de ma coupe itinéraire du Pescairou à Faux : il s'agit de l'ascension de la Peyrugue par son flanc nord.

Dans la coupe précédente (du *Trou de la terre* au *bois de Guinot*), je viens de dire qu'on reprend le *diluvium* gris, sur la base nord de la Peyrugue, après avoir dépassé la métairie et traversé le vallon du Tay. La terre de ce vallon est argilo-sableuse, blanchâtre ou rougeâtre (molasse remaniée et modifiée par les mélanges, comme toutes nos boulbènes froides, micacées, éminemment propres à la culture du châtaignier). En continuant à monter, on remarque que le *diluvium* caillouteux du sommet ne s'étend que sur des bosses fortement inclinées qui suivent la pente du côteau. Ces bosses sont séparées par de petits ravins très-peu profonds qu'ont creusé les pluies et par où tout le *diluvium* a été emporté vers la plaine, en sorte que le sol molassique argilo-sableux y est mis à nu. Au pied de la calotte terminale de la Peyrugue, un chemin de charrettes, qui la contourne sous forme de corniche ou de rebord, présente des fragments et même des petits blocs de meulière (accidentellement venus jusque-là) et de silex à *Faujasia* qui pourraient être dans le même cas s'ils ne sont pas restés sur place après le lavage diluvial de la molasse. A partir du chemin, le *diluvium* gris recommence et couvre toute la calotte, jusque et compris le sommet où l'on ne voit plus ni meulière, ni silex à *Faujasia*, mais où l'on trouve les magnifiques silex résinoïdes dont j'ai parlé plus haut. Ceux-ci sont constamment moins gros que le poing, et je suis convaincu que ce sont des fragments brisés de meulière, roulés par les eaux diluviales. Parmi eux, on trouve quelques silex marins (j'en ai recueilli un avec empreinte de *Pecten*); d'autres encore sont de structure grenue et passent au quartz nectique; ce sont des *croûtes* de silex à *Faujasia*. Je n'y ai point vu de cailloux roulés de minerai de fer, et je crois pouvoir affirmer qu'il n'y existe point de cailloux calcaires.

Je reviens au *diluvium* de Lanquais. Traversons le Couzeau en allant vers l'Est, et franchissons le massif de côteaux qui sépare le Couzeau de la Couze (1 kilom. et demi) et qui, égalant à-peu-près l'altitude de la Peyrugue, lui fait face. Au lieu d'aller au plus court en gravissant directement et presque à pic une sorte d'escalier de craie qu'on appelle la côte *du Mayne (à la Condamine)* et où j'ai vu passer des chars à bœufs, nous allons suivre le chemin de moyenne communication de Lanquais à Couze, commencé depuis trente ans, et depuis plusieurs années terminé en ce qui concerne cette dernière commune, mais qui ne sera pas de sitôt carrossable dans celle de Lanquais. Le vallon traversé, nous sommes *aux Bourbous*, hameau dépendant encore de la commune de Lanquais, et en présence d'une berge très-basse, bordant le côté sud du chemin et montant de l'O. à l'E., berge récemment tranchée par l'ouverture de cette portion du nouveau chemin de Lanquais à Couze. Voici cette coupe (page suivante), dont la partie *mesurée* s'étend sur une longueur de 27 à 28 mètres. Le lit de cailloux du *diluvium* qui forme une nappe ondulée dans l'épaisseur de la terre végétale dont est formée l'épaisseur de la coupe, y est figuré sous la forme d'un ruban *pointillé :* son épaisseur moyenne varie de 20 à 30 centimètres. Quelques gros rognons de silex de la craie à *Faujasia*, et d'autres silex du *diluvium* sont figurés par des masses *noires;* enfin, les affleurements de la craie du 1er étage, qui forme le sous-sol du chemin, sont désignés par des *hachures verticales* : tout ce qui reste *en blanc* au-dessus du niveau du chemin représente la terre végétale, épaisse d'un mètre au plus.

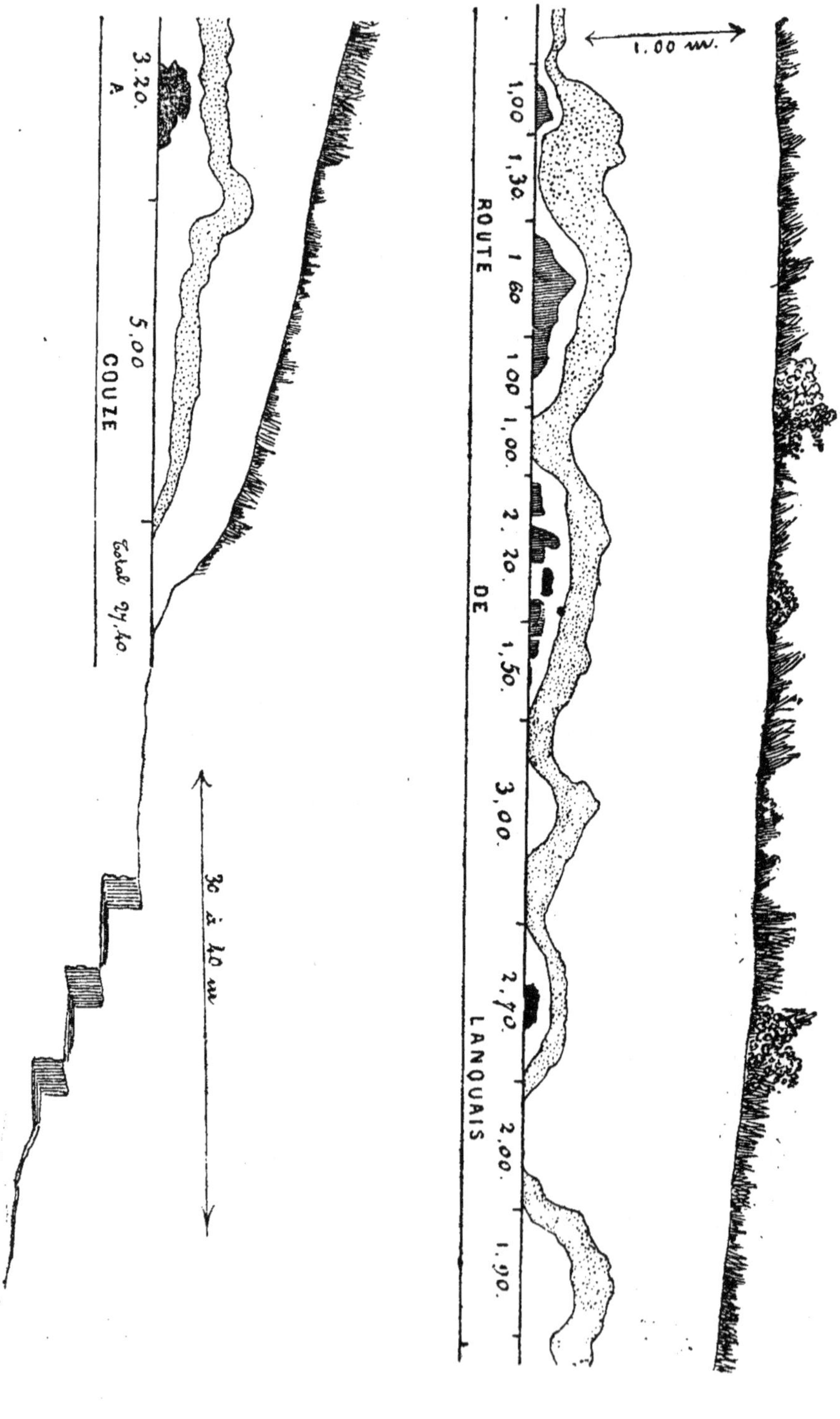

1.00 m.
1,00 1,30 1 60 1,00 1,00 2,20 1,50 3,00 2,70 2,00 1,90
ROUTE DE LANQUAIS
3.20
A.
5,00
COUZE
Total 27,40
36 à 40 m

(131)

La coupe commence (à la droite de la figure) par la craie du 1ᵉʳ étage,
mise à nu par les travaux du chemin et se délitant en bancs de 40 à
50 centimètres d'épaisseur moyenne, que les carriers du pays nomment
lèves. Ces lèves sont, aux Bourbous, le prolongement *coudé* de la petite
falaise crayeuse qui borde la vallée du Couzeau (affluent de la Dordogne)
au même niveau que la falaise crayeuse qui borde la vallée de la Dordogne et sépare le 1ᵉʳ lit de ce fleuve du second. En d'autres termes,
l'observateur placé au sommet de cette *petite* falaise se trouve de niveau
avec l'église de Varennes et par conséquent avec le sommet de la falaise
du 2ᵉ lit de la Dordogne.

Dans la partie des *lèves* ou *degrés* dont la coupe regarde le vallon du
Couzeau, le lit de cailloux a disparu, emporté par les grandes eaux de
l'ancien lit de ce vallon, et la terre végétale, mêlée *uniquement* de
fragments anguleux (*non roulés !*) de craie, repose immédiatement et
sans mélange sur la roche crayeuse. Cette terre est excellente, argilo-
calcaire et d'un brun très-foncé.

Le lit de cailloux que montre cette coupe n'est autre que le dernier
vestige, affaibli et privé des caractères les plus saillants, de la nappe
diluviale qui recouvre le plateau et les sommités vers lesquels nous nous
dirigeons. Vestige affaibli, dis-je, parce que la plupart de ses cailloux,
les plus gros surtout, ont roulé sur la pente du vallon du Couzeau ; —
privé de ses caractères les plus saillants, dis-je encore, parce que les
sables et menus graviers du *diluvium* ont été délayés et emportés par les
courants anciens du vallon du Couzeau, — parce que la terre végétale,
originairement diluviale, qui remplace ces sables est descendue du plateau et s'est mêlée avec les limons qu'apportaient les crues anciennes de
ce vallon, — et enfin parce que la culture la modifie incessamment,
par la fumure et par les transports, depuis un temps immémorial (cinq
à six siècles pour le moins, si l'on ne tient compte que de l'existence
de l'église actuelle et du village de Varennes ; dix, quinze siècles et plus
si, ce qui n'offre aucune improbabilité, on fait remonter l'exploitation
de ces sols excellents au haut moyen-âge ou à l'époque gallo-romaine).

Le lit ondulé de cailloux que je décris ne contient ni galets crayeux
roulés, ni roches volcaniques quelconques, ni même roches granitoïdes
proprement dites. Les cailloux sont presque tous de faible dimension,
gros comme des noisettes, comme des noix, ou tout au plus pugillaires.
On y trouve aussi des cailloux *peu* ou *point roulés* de silex de la craie à
Faujasia ; en un mot, ce sont nos cailloux habituels du *diluvium*, sauf

que ceux de silex *résinoïde* y sont plus rares que sur les points les plus élevés du plateau. Cette circonstance a pour effet de donner au lit de cailloux dont il s'agit un aspect plus moderne que celui du *diluvium*, mais sa composition minéralogique, que je décrirai plus loin, est absolument la même.

On pourrait supposer (et j'ai hâte de combattre cette objection) que ce mince dépôt n'est pas le produit d'un phénomène *naturel* et qu'il a été opéré de main d'homme. En effet, l'ancien chemin dont la nouvelle voie suit à-peu-près le tracé était, en cet endroit, une sorte de *ravin* creusé dans le roc disposé presque en escalier par la présence des *lèves* crayeuses, et qu'approfondissaient sans cesse les chars à bœufs et les eaux de pluie descendant du 1er lit de la Dordogne (1). Ces eaux charriaient des cailloux dont l'étroit passage déjà si peu carrossable était encombré, et l'on pourrait s'imaginer qu'en composant, au moyen de transports de terre, le guéret du pré qui, là, recouvre les *lèves*, on se sera débarrassé des cailloux en les jetant à la pelle sur une première couche très-mince de terre végétale et en les recouvrant d'une seconde couche plus épaisse, ce qui aurait eu pour effet de faire *mouler* les ressauts du lit de cailloux sur les ressauts successifs des *lèves*, comme on le voit dans la coupe.

Cette objection ne saurait tenir contre la continuité du dépôt que nous allons suivre pas à pas depuis les derniers affleurements de la craie sous le *diluvium* bien caractérisé, jusqu'à ce que nous retrouvions les mêmes affleurements sur l'autre revers du plateau.

Du sol le plus bas du 1er lit de la Dordogne, c'est-à-dire du point qu'occupe le hameau des Bourbous, nous allons monter toujours, avec une pente moyenne de 3 pour cent, jusqu'aux parties les plus basses de ce plateau fortement ondulé. La carte de Belleyme le représente couvert de vignes, occupé par une seule habitation (*le Vignoble*) et sans qu'aucun chemin y soit marqué. Il y en avait trois pourtant, et fort anciens assurément, qui se rejoignaient aux angles d'un petit carrefour triangulaire situé sur le bas-plateau et cantonné de trois croix paroissiales indi-

____

(1) Il est bon de constater que les campagnards périgourdins, fort économes de l'espace et de leur travail, ont méconnu jusqu'à ces derniers temps la véritable signification du mot *chemin* : ils ont toujours aimé à considérer ces déversoirs rocheux (qu'ils appellent *Cavailles*) comme pouvant parfaitement, à la fois, servir aux deux fins.

quant les limites et les chemins de Lanquais, Couze et Varennes (d'où le nom du lieu, *Les Trois-Croix;* jusqu'au XVIIIe siècle, d'après les anciens terriers, ce lieu s'était appelé *la Malauderie,* parce qu'il y avait là sans doute, ou tout auprès, une maladrerie pour le service des paroisses voisines).

Partons donc de l'extrémité *non mesurée* de la coupe (à la gauche du dessin) : la voie chemine d'abord au niveau du terrain, et les affleurements de cailloux se montrent dans la rigole qui borde le chemin et qui est bientôt remplacée par un canal profond, creusé dans le roc vif.

A 250 mètres de la dernière maison (isolée) des Bourbous, en se dirigeant à l'Est vers Couze, on quitte la craie du 1er étage, qui forme et borde le chemin du côté gauche et qui y est immédiatement recouverte par les terres *diluviales,* sans traces visibles de molasse. La coupe que je décris est la plus simple et en ce moment la meilleure que je puisse indiquer : je dis *en ce moment,* parce que la berge très-inégale et peu élevée, assez récemment *rafraîchie* pour l'élargissement de la route, montre encore de nombreuses places où ne se sont pas encore établies les ronces et les touffes de *Brachypodium sylvaticum* qui empêcheront, dans peu d'années, d'en voir distinctement la coupe.

Au moment où cesse la craie, le chemin traverse en remblai une faible dépression de terrain où, par conséquent, il n'y a rien à voir pendant le parcours de 129 mètres ; puis commence la coupe du *diluvium* proprement dit, que je vais décrire comme type. Sa partie la plus instructive a 140 mètres de long ; c'est du *diluvium* absolument pur et vierge, surmonté d'un bon guéret de moins d'un mètre de terres diluviales, et la plus grande épaisseur visible de ce *diluvium* ne dépasse pas 3 mètres. Sa base s'enfonce sous le chemin.

Le sable est rougeâtre ou rouge et rendu compacte par la présence d'un léger ciment argileux : les Hyménoptères fouisseurs s'y logent dans la partie la plus pure, la plus escarpée, et qui par conséquent sera envahie la dernière par la végétation. Dans ce sable sont nichés les cailloux *caractéristiques du diluvium :* ils ne s'y trouvent ni en nombre très-considérable ni sous un très-fort volume. De plus, une ou deux veines ondulées de ces cailloux, mêlés à ceux de quartz hyalin amorphe parfois *aventuriné* qui ont l'apparence de *cailloux de rivière* actuels (mais jamais aplatis en *galets*), traversent l'épaisseur de ce sable sur la couleur duquel ils tranchent soit en blanc, soit en jaunâtre ou jaune, en rouge, en violet, en bleuâtre, en brun foncé et quelquefois en rose très-vif. Ces veines, semblables à celles que j'ai figurées dans la coupe des Bourbous, sont d'épaisseur fort inégale, et suivent toutes les ondulations du sous-sol solide (invisible) des sables. Les cailloux des dites veines sont plus gros qu'une noisette et presque tous plus petits que le poing, fortement roulés en général, ovales ou sphériques, tendant rarement à la forme aplatie, souvent brisés. Quelques-uns sont anguleux, à angles émoussés. Les menus graviers, très-abondants, qui les accompagnent, présentent les mêmes caractères et les mêmes accidents. En outre, ce *diluvium* contient de nombreux fragments, généralement plus gros et *peu* ou *point roulés*, de silex de la craie à *Faujasia*, et des grains très-nombreux et *fortement roulés* de mine de fer. Ce sont là les restes de la molasse qui, après la dissolution complète de la craie à *Faujasia*, a repris ses noyaux siliceux laissés sur place, et a été imprégnés de l'élément ferrugineux. Délayée à son tour et balayée par les eaux *diluviales*, la molasse n'a laissé dans le *diluvium* que ces témoins reconnaissables de son ancienne et immédiate superposition à la craie du 1er étage.

J'insiste beaucoup sur ce caractère ESSENTIEL : dans le *diluvium*, qui occupe *tout le premier lit* de la Dordogne quand la molasse ne vient pas au jour, il n'existe ni granite, ni gneiss, ni trapp, ni basalte, ni lave, mais seulement un nombre peu considérable de cailloux appartenant à des roches *quartzeuses* pauvrement *micacées* et d'une désagrégation facile, et aussi des cailloux décomposés qui me semblent avoir appartenu à des schistes micacés. Ces derniers ne se retrouvent guère dans les *terres* diluviales d'où leur friabilité les a fait disparaître ; quand le *diluvium* est vierge, ils y existent encore, mais on les réduit en poussière à l'aide des doigts ; on ne saurait donc les considérer comme constamment caractéristiques du *diluvium*, qu'ils n'aident plus à reconnaître quand il a subi le moindre remaniement.

Nous voici parvenus sur le bas-plateau (117ᵐ approxim^t), et la berge n'est plus qu'un mince rebord, fréquemment rafraîchi par la pioche, haut de 30 à 50 centimètres, formé de bonne terre arable diluviale, rougeâtre, brun-rouge ou même lie de vin, ou bien une berge plus élevée mais couverte d'herbes ou de ronces, — rebord dans la tranche duquel on retrouve de distance en distance les affleurements en forme d'ondulations de la veine supérieure des cailloux diluviaux : ces affleurements sont très-distincts, surtout en hiver.

En suivant ce rebord et à 170 mètres après avoir quitté la partie la plus nette de la coupe, on arrive à l'angle nord du carrefour triangulaire des Trois-Croix, qui a 85 mètres de côté, et après avoir cheminé l'espace de 220 mètres (ce qui fait 475^m de largeur pour le plateau , depuis qu'on a quitté la berge du *diluvium* pur), on commence à descendre de ce bas-plateau sur Couze. Depuis les Trois-Croix , le chemin est large (à-peu-près la dimension d'une route *départementale*) et cela prouve combien il est ancien : il est antérieur à cette époque dont il existe encore des contemporains chaque jour plus rares , — époque à partir de laquelle presque tous les propriétaires ruraux ne trouvèrent pas de meilleur moyen. d'affirmer *leur propre liberté* qu'en volant la *propriété de tout le monde*, c'est-à-dire en réduisant les chemins à la largeur d'une voie de charrette. Honneur à ceux qui ont laissé subsister jusqu'aujourd'hui ces rares vestiges du respect de nos devanciers pour le service public !

A partir du commencement de la descente, on voit, sur une longueur de 86 mètres, la berge bien plus haute , mais complètement cachée par la végétation. Alors commence l'affleurement, dans l'épaisseur de la berge diluviale, du lit *inférieur* des cailloux caractéristiques du *diluvium* (lit que nous n'avons pas rencontré de l'autre côté du plateau). Il est formé d'un cordon peu compact de cailloux beaucoup plus gros , blanchâtres (ceux que j'ai cassés appartiennent aux quartz hyalin blanc, blanchâtre ou grisâtre , soyeux ou aventuriné , qui est si commun en Limousin). Sa longeur est de vingt-trois mètres sur le côté *gauche ,* jusqu'à l'endroit où son extrémité inférieure , qui vient d'apparaître également au côté *droit ,* y repose immédiatement sur un pointement de molasse (argile très-blanche et jaune foncé) qui se montre dans la berge de ce côté , sous les terres arables épaisses d'un à deux mètres. Cet affleurement de molasse a 15 mètres de long.

A 120 mètres de l'endroit où cesse la molasse , à ce point qui est une tête de vallon sans eaux régulières , la descente sur Couze devient beaucoup plus rapide. Là est un petit carrefour qui marque encore une limite des trois communes (Lanquais , Varennes et Couze). Là aussi , dans la berge *gauche* de la route, la craie du 1er étage affleure de nouveau sous trois à quatre mètres de terre arable diluviale , sans aucune interposition visible de molasse. A partir de ce point jusqu'au fond de la vallée de la Couze, la route (rectification de l'ancien chemin) est creusée dans le vif du rocher crayeux.

La route que nous venons de suivre coupe , de l'Ouest à l'Est , la partie basse du plateau. Pour couper ce plateau du Nord au Sud , il faudrait partir du fond du 1er lit de la Dordogne, monter au *Pech-Nadal*, métairie à-peu-près égale en altitude à la Peyrugue, et redescendre sur le vallon des *Oliviers :* partout nous retrouverions la même terre diluviale, partout les mêmes cailloux diluviaux, et une énorme quantité de silex de la craie à *Faujasia*, arrachés à la molasse par les chercheurs de fer, ou antérieurement par le *diluvium* lui-même. Ce vaste plateau quadrilatère est riche en objets d'étude très-divers, mais inutile à décrire ici avec plus de détails.

ROUTE DE BERGERAC A MUSSIDAN.

(*Diluvium gris.*)

Il ne faut pas croire que le *diluvium gris* dont j'ai parlé tout-à-l'heure soit un accident purement local et confiné dans les environs de Lanquais. Je crois du moins, sans avoir pu m'arrêter pour constater ses relations, le retrouver sur les points culminants du plateau qui sépare la vallée de la Dordogne de celle de l'Isle (route de Bergerac [35m] à Mussidan [42m]).

Il y a 26 kilomètres de la première de ces villes à la gare de la seconde, qui domine de quelques mètres le cours de l'Isle. Après avoir traversé le Codeau au Pont-Roux (33m) à 2 kilomètres de Bergerac, la route s'élève, sans qu'on aperçoive aucun affleurement de craie, sur de hautes collines (98, 135, 128, 148m) où la fréquence des semis de pins annonce de loin la molasse qu'accusent en effet les berges de la voie et qui occupe tout ce massif montagneux. Entre les bornes kilométriques 15 et 16, on voit à gauche, dans les bois qui bordent le chemin et qui couvrent tout le pays, d'énormes amas des gros cailloux blancs du *diluvium gris*, extraits pour l'entretien des routes. On se trouve, là, à-peu-près au point le plus élevé de ce chaînon (environ 150m au *Pic*), et les mêmes cailloux se montrent de nouveau, après qu'on a traversé un ou deux vallons, sur des sommités un peu moins saillantes que la première. — Entre les bornes kilométriques 17 et 18, on trouve sur le bord droit de la route, la jolie chapelle du XIe siècle, couverte de lierre, d'un prieuré de femmes qui dépendait de l'abbaye de Ligueux. Son nom, au moyen âge, était *de tribus sororibus*, que le patois périgourdin a traduit par *las tres seyroux*, et par corruption *las tres séroux* ; c'est « l'ancienne église de *Tresseyroux*, » mentionnée par M. Raulin dans son *Nivellement barométrique de l'Aquitaine*, 1re sect., C. 17, p. 21, et dont il a déterminé l'altitude (114m) à la p. 14 de son mémoire sur l'*Age des sables de la Saintonge et du Périgord*. Dès que cette chapelle est en vue, soit qu'on vienne de Bergerac, soit qu'on vienne de Mussidan, on aperçoit des exploitations ou des affleurements de la craie du 1er étage. Puis, après le bourg des Lèches (entre les bornes kilométriques 19 et 20), voisin d'une hauteur cotée 109 mètres, les carrières, ouvertes dans la craie de plus en plus puissante, bordent le vallon jusqu'à Mussidan. Ce massif est donc constitué, en grand, exactement comme ceux qui bordent les deux rives du Couzeau à Lanquais.

§ VIII. — **Alluvion ancienne**.

2e LIT DE LA DORDOGNE.

En dehors de tous les détails déjà contenus dans ce mémoire, et de ceux que j'exposerai encore dans le chapitre suivant, en proposant de considérer cette alluvion comme celle du *déluge historique,* je dois me borner ici à résumer synoptiquement ses caractères de toute nature.

Elle occupe le thalweg crayeux et parfaitement dénudé du 2e lit de la Dordogne; elle est donc homogène.

Son épaisseur habituelle est de 4 à 5 mètres.

Elle est composée de sables jaunâtres, blanchâtres, ou tout au plus rougeâtres, de graviers et cailloux roulés quartzeux, souvent micacés, provenant des roches anciennes du plateau central, ressemblant à ceux des cours d'eau actuels et revêtant souvent la forme aplatie des *cailloux de rivière*. De plus, elle contient, sous les mêmes formes, divers silex roulés de la craie, des cailloux descendus des berges de la vallée, et enfin de très-nombreux cailloux roulés et parfois des blocs de roches IGNÉES (roches *granitiques* en abondance, et *roches volcaniques* d'Auvergne).

Ce dernier caractère et la forme en *galets* d'un grand nombre de ses cailloux la distinguent GÉOLOGIQUEMENT du *diluvium* qui remplit le 1er lit du fleuve.

Les éboulements et les pluies (abstraction faite des affluents à cours régulier) lui ont apporté une couverte de terres, sables et cailloux du *diluvium,* de la molasse et de la craie, qui ont dû modifier inégalement mais très-peu sa constitution, surtout à l'approche de ses berges ; et voilà pourquoi, dans certains endroits, elle ne porte que du seigle, tandis qu'elle porte ailleurs du blé, des cultures diverses, et parfois même du maïs ou de la vigne. Vers sa base, à l'approche du contact de la craie, elle devient de plus en plus brunâtre et chargée d'argile, et les cailloux roulés y sont généralement plus gros.

Je ne puis mieux faire voir la succession des modifications auxquelles cette alluvion est soumise dans l'épaisseur de ses berges et au contact des terres du 1er lit, qu'en donnant ici la coupe d'une petite carrière de craie dure du 1er étage, ouverte au bas de la berge du 2e lit, au-dessous et près de la métairie de *Monsagou* (1er lit), dans un ravin qui descend de la Peyrugue. Cette carrière n'occupe guère que la moitié de la hauteur moyenne de la berge, à cause des dégradations opérées par le ravin dans les terres du 1er lit : on peut évaluer cette moyenne à 6 mètres.

COUPE DE LA CARRIÈRE DE MONSAGOU.

1) Terre végétale du 1er lit, sablonneuse et maigre, sans cailloux roulés de rivière; environ.	0m	»	»
2) Sable quartzeux du 2e lit, ferrugineux, mêlé d'une immense quantité de cailloux roulés ou galets de rivière.	»	33 à 66	
3) Sable quartzeux, ferrugineux mais de teinte plus foncée, avec les mêmes cailloux (mais moins nombreux) qu'au n° 4, très-fin et très-dur. — Dans l'épaisseur et vers le bas de cette couche, se trouve une veine irrégulière (sorte d'amande aplatie) de sable jaunâtre, fin et presque pur; son épaisseur est de 18 à 24 centimètres.	»	50 à 66	
4) Sable quartzeux, ferrugineux, assez compacte, tenant des grains plus gros et des cailloux 1-3 pugillaires, rarement céphalaires, roulés. — Ces cailloux sont rarement de craie, plus souvent de silex pyromaque gris, brun ou noir, avec craie adhérente, — de quartz jaspoïde ou passant au quartz nectique, — de quartz hyalin, de gneiss, de granite, de trapp, de trachyte, — enfin de basalte avec cristaux altérés de péridot olivine, à croûte devenue terreuse et adhérant à la gangue sablonneuse comme le ferait une boîte vide.	1	»	»
5) Argile brun-noirâtre, ferrugineuse, happant à la langue, fendillée, presque sans mélange de sable.	»	12 à 18	
	2m	28 à 50	

6) Craie dure du 1er étage, blanche, en lits sensiblement horizontaux,
et renfermant fort peu de traces de fossiles. Épaisseur inconnue.

Au résumé, la craie dénudée et n'ayant conservé qu'un mince enduit
(n° 5) argilo-ferrugineux, est recouverte par les sables et cailloux roulés
de l'*alluvium ancienne* du 2e lit, que surmontent des sables et *cailloux
de rivière* déposés par des débordements subséquents, et enfin par des
terres légères appartenant au 1er lit.

Un peu plus haut, une autre petite carrière creusée à ciel ouvert dans
la même berge, présente 2 mètres de craie jaunâtre, dure aussi, mais de
mauvaise qualité et pétrie d'*Orbitoides media* d'Orb. (*Orbitolites* d'Arch.).

Lorsque la vallée de la Dordogne s'ouvre, à l'ouest de Creysse, dans
le bassin de Bergerac, les caractères de l'alluvion pure se modifient. Ce
sont bien toujours des terres *boulbènes,* mais qui deviennent plus fertiles
parce qu'elles sont mélangées de dépôts variés ; elles participent alors
aux qualités des fonds de lac. La rapidité des courants y a été diminuée ;
les argiles s'y sont déposées ; la craie s'y est de plus enfoncée pour passer
sous les formations calcaires miocènes du Bordelais. Tous les caractères
physiques et géologiques sont devenus plus compliqués et, par suite,
différents de ce qu'ils étaient dans la région que j'ai choisie pour sujet
de cette étude.

J'ajoute enfin que ces caractères ne sont pas partout tranchés comme
dans la région typique que j'ai spécialement décrite et où l'*encaissement
parfait* des deux rives du fleuve rend toute confusion impossible. Ainsi,
comme toujours, la vallée n'est pas à plusieurs étages *des deux côtés à
la fois.* Quand la Dordogne passe au pied d'un côteau crayeux, le 2e lit
est presque nul de ce côté (Creysse, Couze), ou tout-à-fait nul (Saint-
Front de Coulory), ou absolument nul des deux côtés (*Cincles* du
Bugue, etc., où il n'y a passage entre deux montagnes à pic, que pour
la rivière et une route entaillée dans le roc), ou enfin confondu avec le
3e lit quand l'encaissement manque et que les inondations actuelles s'é-
tendent encore sur le sol du 2e lit (Trémolat, etc.)

§ IX. — **Alluvion moderne**.

LIT ACTUEL (3e) DE LA DORDOGNE.

Je n'ai presque plus rien à dire sur ce canal monolithe où il ne peut
rester, en fait d'alluvion, que quelques amas de sable de rivière pur
(semblable à celui des dunes océaniques), de vase ou de cailloux dans

les anfractuosités de la falaise. Lorsque le fond n'est pas monolithe, il s'y forme aussi des bancs de galets ou cailloux de rivière actuels (de toutes les sortes que j'ai précédemment énumérées); et même, lorsque le fond est rocheux, ses aspérités retiennent toujours, çà et là, un certain nombre de ces cailloux qui se renouvellent sans cesse. La Dordogne actuelle apporte peu, et emporte plus qu'elle n'apporte, car elle mine continuellement ses falaises qui forment parfois un surplomb horizontal de 3 et 4 mètres *de portée* et d'autant de cerveau. Mais cet effrayant plafond s'amincit incessamment de bas en haut, et un jour vient, tôt ou tard, où le quatre-de-chiffre s'effondre sous le poids des terres du 2e lit Au port de Lanquais, et en amont comme en aval, nous avons des exemples grandioses de ces surplombs et de ces écroulements; le plus remarquable des plus récents a eu lieu vers 1820, vis-à-vis Saint-Capraise-de-Clérans où l'on se crut à la fin du monde, tant le bruit en fut effroyable.

Aussitôt que ces blocs, souvent gigantesques, sont écroulés, la Dordogne se met à l'œuvre; elle les ronge, les détruit et finit par les emporter, à moins qu'ils ne soient restés dans un étroit enfoncement hors du fil de l'eau.

Le *plancher* monolithe du 3e lit est, en certains endroits, fort curieux à parcourir lors des basses-eaux, au *Pescairou* par exemple où, comme son nom l'indique, les pêcheurs exercent fréquemment leur industrie. Ils ont remarqué sans peine que les fréquentes aspérités du *plancher* ayant arrêté pour un peu de temps la marche d'un gros caillou roulé, il a fait obstacle à l'eau qui a fini par creuser sous lui et autour de lui une sorte de cuvette où il s'est enfoncé, ne pouvant plus continuer sa marche vers l'Océan. Dès-lors, l'imitation des opérations de la nature leur a offert un moyen économiqne et sûr de parvenir à leurs fins : ils ont creusé de longues files de trous semblables, et y ont établi leurs engins en les fixant au fond de chaque trou à l'aide d'un gros caillou qui fait l'office de *peson de filets*, ce qui empêche les crues subites de les entraîner.

Au Pescairou, le nombre de ceux de ces trous souvent assez grands qui ne sont pas dus à la main de l'homme est immense, et donne au plancher de la rivière l'aspect le plus original. Il est souvent à sec dans les grandes chaleurs, parce que la rigole sans fond connu, ébauche d'un 4e lit, suffit au passage du courant tout entier. Les trous naturels sont seuls, alors, remplis d'eau, et parfois des poissons y restent emprisonnés : j'y ai pris à la main, par exemple, de petites plies. — Cette dénudation du plancher se prolonge fort loin dans les années sèches, et il m'est arrivé souvent d'aller du Pescairou à la Gratusse à pied sec, si ce n'est aux embouchures des deux affluents (la Couze et le Couzeau).

Les cailloux roulés du 3e lit sont de même nature que ceux du 2e lit ; mais, de plus, le fleuve actuel charrie un nombre considérable de fragments de craie, produits de la dégradation incessante des falaises.

§ X. — **Alluvions des affluents de la Dordogne**.

Ces alluvions sont nécessairement de toutes les époques et sont, nécessairement aussi, superposées régulièrement dans un ordre ascendant et parfaitement continu. Je ne puis parler que de la partie superficielle qui se continue encore à chaque orage d'où résulte une crue d'eau.

L'alluvion du Couzeau vers son embouchure — je l'ai déjà dit — coupe à angle droit l'alluvion moderne du 2e lit de la Dordogne, pour aller se jeter dans le fleuve en formant cascade sur les parois de la falaise. Si elle atteignait exactement le niveau supérieur du sol du 2e lit, elle aurait la même épaisseur que ce sol ; mais elle forme nécessairement, par l'extension que lui donnent les crues d'eau, une dépression en forme de berceau ; et ses bords s'amincissent des deux côtés, d'où résulte une modification graduée dans la qualité des terres. Quand elle est encore pure et profonde, elle constitue le riche *terrefort* de Varennes, où la végétation acquiert une vigueur remarquable.

La Couze n'a point de *terrefort* distinct du fond de sa vallée, parce que les côteaux qui bordent celle-ci s'avancent jusqu'au bord même de la Dordogne où ils se terminent par des falaises à pic ou en surplomb, qui ne laissent au 2e lit de la rive gauche qu'une largeur de 2 à 10 mètr., tandis qu'il s'élargit en une riche plaine sur la rive droite.

Au contraire, un autre ruisseau, le *Gouyou* (*Couillou* de la carte de l'État-Major), qui part des pentes du *pays blanc* au-dessous de Faux et de *Saint-Aubin-de-Lanquais* et qui vient se jeter dans la Dordogne à *Saint-Germain-de-Pontroumieux* vis-à-vis Mouleydier, — ce ruisseau, dis-je, a un *terrefort,* parce qu'en cet endroit le 2e lit du fleuve conserve encore quelque largeur. Je n'en fais mention que pour noter qu'on en extrait, non loin de la falaise du fleuve, une sorte de glaise noirâtre dont on fabrique, sur place, des briques et des tuiles plates d'un rouge extrêmement foncé, ce qui ne fait pas naître de présomptions favorables à leur bonne qualité.

CHAPITRE IV

LE SOL ARABLE DU BASSIN DU COUZEAU.

Le sol des contrées qui bordent notre Dordogne est constamment sylvatique (bois ou broussailles), ou occupé par des cultures. Les bois voilent les détails géologiques, et la culture les modifie, les déplace, les anéantit. Sur les pentes crayeuses, quand elles sont raides, on coupe du rocher et on établit la culture en terrasses, au moyen de murs de soutènement en pierres sèches. Mais raides ou non, elles ne peuvent recevoir cette culture qu'au moyen des transports de terre, car, comme disent nos paysans, « la terre ne remonte jamais. » Donc, partout où il n'est pas couvert de bois, le sol est remanié, refait par la main de l'homme.

Et cela depuis bien longtemps! depuis assez longtemps du moins pour que tous les détails du profil des côteaux cultivés soient dénaturés. Les environs de Lanquais étaient-ils habités à l'époque romaine et gallo-romaine? Oui sans doute. La station *Diolindum*, si elle était Lalinde comme le veut D'Anville, en serait une preuve suffisante; mais, en outre de quelques traditions locales qui manquent d'authenticité, nous avons quelques tronçons de voie romaine aboutissant à Mouleydier (*Trajectus*), et par-ci par-là quelques fragments de tuiles à rebord, quelques monnaies, — une entr'autres (un *Maxime* en or, trouvé à Lanquais même, sur le côteau dit La Peyrugue, qui domine presque immédiatement le bourg). Les autres monnaies sont :

Un *Tibère* (bronze), trouvé à Bannes.

Une *Antonia-Augusta* (argent), trouvé à Lalinde.

Un *Néron* (or), trouvé à Molières.

Un *Vespasien* (argent), trouvé à Bannes, dans un cimetière gallo-romain d'une étendue assez considérable, ce qui prouve que ce lieu jouissait du titre de *vic*, puisque le droit de sépulture n'était accordé qu'aux localités de ce rang.

Un *Decentius* (petit bronze), trouvé aux environs de Lanquais (1).

Nous voici donc rattachés au Haut-Empire, et en possession d'une certaine importance à l'époque gallo-romaine. Puis encore, un peu plus bas dans l'échelle des temps, nous avons les tombes mérovingiennes qui avoisinent le château de Bannes. Presque tout cela, je l'avoue, n'appartient pas au vallon même de Lanquais ; mais je n'ai pas besoin de remonter aussi haut pour trouver un espace de temps qui suffise amplement à dénaturer les surfaces cultivées. L'église de Lanquais sur le flanc ouest du vallon, et l'église de Varennes sur le flanc est, — cette dernière assise près du bord de la falaise qui domine le 2ᵉ lit de la Dordogne et par conséquent sur le sol du 1ᵉʳ lit, — ces églises, dis-je, sont romanes et accusent le XIIᵉ siècle, le XIIIᵉ peut-être si l'on en croit les archéologues qui rejettent le synchronisme absolu des styles et enseignent qu'on a fait du roman, dans les campagnes du Midi surtout, jusques pendant le XIIIᵉ siècle. Voilà donc, pour le moins, cinq cents ans qu'on cultive, c'est-à-dire qu'on remanie les pentes de nos côteaux les moins éloignés de la Dordogne, et ces remaniements modifient d'autant plus le sol arable de ces pentes, qu'à l'exception de quelques points privilégiés, de quelques renfoncements plus abrités des courants ou disposés de façon à recevoir et à conserver des dépôts meubles, ce sol est partout fort peu épais.

Évidemment, de tels remaniements ne sauraient être attribués aux puissants dépôts alluviaux qui forment les *plaines* du 1ᵉʳ et du 2ᵉ lit de la Dordogne : ces terres sont là absolument telles qu'elles y ont été déposées par l'immense cours d'eau dont elle est le reste, — avec addition d'un imperceptible surcroît dû à la dégradation des berges qui dominent le lit supérieur. J'excepte également le dépôt du fond du vallon du Couzeau, et les autres alluvions d'affluents, analogues à celle-ci : je ne parle que des pentes. Mais, sur ces pentes, on rencontre un sujet d'études bien intéressantes. Les importantes recherches auxquelles s'est livré depuis plusieurs années mon savant collègue M. Eug. Jacquot, sur la composition de la *terre végétale*, ont excité mon plus sympathique intérêt, en mettant en lumière l'inadmissibilité absolue de l'opinion généralement admise et que je partageais, sans y avoir regardé ou songé, avec tout le monde. Je crois donc de mon devoir d'apporter à cet homme

---

(1) Renseignements fournis par M. le Vᵗᵉ Alexis de Gourgues.

de consciencieux labeur, le faible tribut de quelques observations de détail, éclairées par la lumière que ses beaux travaux ont répandue sur cette question si grave aux yeux de tous les agronomes.

La *terre végétale* ou *sol arable* de tout ce qui n'est pas le 2ᵉ ou le 3ᵉ lit du fleuve, dans la partie du Périgord dont je m'occupe, sera donc le sujet de ce court chapitre. Je ne puis malheureusement, dans mon ignorance des sciences chimiques, donner à mes assertions le concours si démonstratif que l'analyse des terres a permis à M. Jacquot de prêter aux siennes ; mais il me semble que des preuves tirées d'un autre ordre de considérations, des preuves tirées de l'observation directe des faits, et des déductions logiques qui en découlent, peuvent encore recevoir l'honneur d'être admises, à un rang plus modeste, dans le bataillon dont le front de bandière a déjà porté des coups si rudes à la doctrine irréfléchie que M. Jacquot réussira bientôt, je l'espère, à discréditer entièrement.

L'opinion ancienne dit : « Le sol arable est, en général, le produit » de la désagrégation mécanique et des modifications atmosphériques et » chimiques subies *en place* par le sol primitif et solide, qui est ainsi » devenu *sous-sol* ».

M. Jacquot dit : « Cela n'est pas ! » et il le prouve par ses analyses de terres ; « le sol arable vient toujours d'*ailleurs* ».

A mon tour, je vais présenter quelques observations et déductions qui viennent à l'appui des démonstrations de M. Jacquot.

Et d'abord, posons quelques bases au point de vue général, en mettant de côté, pour n'y plus revenir, un certain nombre de cas que le regard le plus inattentif peut seul se permettre de faire entrer dans la question et qui ne lui appartiennent nullement.

Tous les points de notre planète ont été, à un moment donné, sous l'eau, hormis le petit nombre de points éruptifs qui ont pu, depuis la dernière inondation, surgir du sein des terres exondées.

Toutes les surfaces exondées ont été ou solides (rocheuses) et alors elles se sont lavées en s'émergeant, — ou composées d'éléments plus ou moins meubles, et alors elles ont subi dans ce moment un lavage plus ou moins énergique, — à moins qu'elles ne fussent en forme de bassin presque ou entièrement fermé.

Dans le premier cas, pour que l'opinion de nos adversaires fût vraie, il faudrait que le sol meuble fût formé d'une sorte de désagrégation de la surface de la roche, tellement évidente, presque toujours, que personne n'en pourrait disconvenir.

Cela arrive, mais c'est fort rare.

En voici un exemple, pris fort loin du pays que nous étudions : Le sol du Sidi-er-Réis, près des sources de Gourbès (Tunisie) est sablonneux. « Le sable dont il se compose n'est que le détritus d'un sable formant » roche au-dessous, où il constitue la base de la montagne » (*Revue des Soc. sav.* [Sc. physiq. et natur.], du 18 décembre 1863, t. IV, p. 396 ; *Note* du docteur Guyon, correspondant de l'Institut).

Quelquefois le même fait existe, mais il est masqué par des modifications ultérieures : « La terre végétale peut, il est vrai, résulter pres- » que entièrement de la décomposition du terrain sous-jacent, mais » alors les substances minérales qui le constituent ont généralement subi » des altérations qui modifient beaucoup leurs propriétés physiques ou » chimiques. » Cette phrase montre l'*exception*, et son auteur (M. Delesse, *Mémoire sur la carte agronomique des environs de Paris*, in *Annuaire de l'Institut des Provinces* pour 1864, p. 38, reproduit, un mois après sa lecture devant le *Congrès des Délégués*, dans le *Bulletin de Société géologique de France*, 2ᵉ sér., t. XX, p. 393, séance du 13 avril 1863), — son auteur, dis-je, venait d'exposer *la règle*, quand il avait écrit au commencement du même alinéa : « Dans beaucoup d'en- » droits, la terre végétale est complètement indépendante du terrain » géologique sur lequel elle repose. »

Plus loin, dans le même cahier de la *Société géologique*, p. 401, le procès-verbal de la séance contient ce qui suit : « M. Hébert est disposé, » avec M. Delesse, à considérer la terre végétale comme un dépôt spé- » cial dont l'origine ne saurait, dans beaucoup de cas, s'expliquer par » une simple décomposition sur place du sol.... Elle présente tous les » caractères d'un dépôt spécial opéré par voie de transport... Elle est le » produit d'un phénomène géologique particulier. »

Je suis heureux d'avoir constaté, dès 1862 (*Act. Soc. Linn. de Bordeaux*, t. XXIV, p. 102), que les idées de M. Jacquot à ce sujet « font » assez rapidement leur chemin dans le monde savant, » et il ne me reste que le regret de ne pas voir le nom de mon éminent collègue rappelé à propos d'une question que ses importants travaux ont si heureusement contribué à élucider.

Le Périgord, à son tour, offre un exemple analogue à celui dont M. le docteur Guyon a signalé l'existence dans le *Sidi-er-Réis*. Les plateaux formés, entre Périgueux et Angoulême (et sans doute ailleurs dans ces deux pays limitrophes), par la craie du 2ᵉ étage de M. d'Archiac, présentent des surfaces immenses, planes ou en croupes, de craie *entièrement dénudée,* mais de craie tellement friable que, sous l'influence des agents atmosphériques, elle s'est désagrégée et, la pioche aidant, il s'y est formé peu à peu un sol arable affreusement maigre, dont ni M. Jacquot, ni personne ne songera à nier l'origine et la nature purement calcique. A mesure que les plantes les plus décidément calcicoles, dont les individus multipliés à l'infini couvraient naturellement ce sol (*Lactuca perennis* L., *Helianthemum appeninum* DC., *Globularia vulgaris* L., *Hippocrepis comosa* L., etc.) y ont vu leurs générations se succéder, elles ont formé un peu d'humus dont la somme a été accrue de celui que son existence a permis, plus tard, à quelques plantes ubiquistes d'y produire; et de là est résultée la teinte plus foncée qui fait descendre actuellement à un décimètre au-dessous de la surface, la limite inférieure de cet indigent *guéret.* — Encore une fois, cette transformation *mécanique* est de toute évidence : nul ne la conteste.

Un exemple analogue est encore offert, dans le Limousin, par les terrains purement granitiques qui jouissent de la propriété de se désagréger en *arène* où l'on retrouve leurs éléments — et rien que leurs éléments, — au milieu desquels persistent les *noyaux* de granite non soluble, qui simulent d'innombrables blocs *erratiques,* et pourtant n'ont jamais bougé de place. — Cet exemple est aussi évident que le précédent, et les choses s'y passent exactement de même, pourvu toutefois qu'on change les noms des éléments minéralogiques du sol et ceux des plantes qui s'y sont établies les premières.

Un dernier exemple enfin, lui aussi parfaitement analogue, pourrait être observé sur un sol de roches dioritiques solides, lesquelles, sous l'influence de l'air et des pluies, jouissent de la propriété de se fondre, au bout de peu d'années, en une boue argileuse dont les éléments minéralogiques sont assez nombreux.

Hors ces cas, que leur explication évidente empêche de fournir matière à discussion, le sol émergé demeure nu et solide, comme la craie blanche ou jaune du 1ᵉʳ étage de M. d'Archiac; et si l'on y trouve des matières superposées, elles viennent assurément d'ailleurs, puisqu'elles n'ont pas été produites aux lieux où on les trouve. C'est le premier cas prévu (exondation d'une surface *solide*).

Le deuxième cas (exondation d'un sol meuble) ne peut se présenter que plus rarement. Si les matières étaient très-meubles, elles auront disparu à l'émersion; si elles sont fortement tassées et cohérentes, elles se comporteront ; du plus au moins, comme des matières solides : la désagrégation et les modifications successives conserveront le même degré d'évidence.

Le troisième cas (exondation d'un fond de lac) sera bien moins sujet encore à discussion. Si le récipient du bassin est solide, les dépôts qu'il pourra contenir y auront été laissés par les eaux qui y ont séjourné les dernières — Il en est de même du lit solide d'un fleuve, de la Dordogne par exemple. Son 2ᵉ lit est un canal immense, à parois ondulées, formées de craie et de molasse, et son fond était de craie absolument nue. Les roches et les sables du plateau central, les sables et les argiles de la molasse, les sables, argiles et cailloux du *diluvium* (des géologues) que n'avaient pas emportés les courants du 1ᵉʳ lit, s'y sont engloutis successivement et simultanément. Le départ s'est fait ; les cailloux et les sables sont restés sur place, les argiles sont allées plus loin, dans les plaines de Bergerac, de Libourne et dans la Gironde. Ainsi, le sol arable, puissant et parfaitement homogène qui constitue *la plaine du 2ᵉ lit* a été apporté d'ailleurs, mais déposé là sans discontinuité pendant une longue série de siècles, et il n'a reçu aucune superposition appréciable depuis l'encaissement du fleuve dans son 3ᵉ lit. — Il en est absolument de même de l'alluvion contemporaine à celle-là et dont le dépôt s'est continué jusqu'aux temps tout-à-fait modernes, au moyen de laquelle le Couzeau a formé, comme je l'ai dit, le fond actuel du vallon de Lanquais (*terrefort*). Cette alluvion argileuse et noire a fait une trouée dans le dépôt continu de l'alluvion sablonneuse qui forme le fond du 2ᵉ lit, et le sol qu'elle forme s'y est déposé dans un encaissement où il est encore et où il donne une terre végétale très-riche, arrachée principalement au *pays blanc*.

L'observation directe du 3ᵉ lit de la Dordogne fournit, par sa netteté et sa parfaite dénudation, la démonstration la plus évidente de la vérité des faits que je viens d'affirmer. C'est un canal creusé dans la craie dure, canal à section quadrilatère, canal régulier auquel manque uniquement une paroi supérieure. Son *alluvion* se compose exclusivement des matériaux qu'il apporte de la partie supérieure de son cours et de ceux qu'il arrache de ses bords ; et *tout cela*, il l'emporte chaque jour vers la mer. Rien n'est plus simple et plus palpable ; donc, rien de tout ce que je viens de rappeler ne peut entrer dans la *discussion* qui nous occupe, et M. Jacquot n'a jamais entendu résoudre UNE QUESTION qu'en ce qui concerne le sol arable *des plateaux ou des pentes dont la char-*

pente rocheuse est recouverte d'une matière dissemblable à la sienne.
Cette matière, dit-il, *vient d'ailleurs ;* il a raison de le dire ; je crois l'avoir prouvé par le raisonnement. Il ne s'agit donc plus que de chercher *d'où* cette matière vient, et pour cela, il faut des exemples locaux.

Privé du secours des analyses et n'ayant d'ailleurs à parler que d'une contrée dont la constitution est excessivement simple, je crois n'avoir pas besoin de chercher bien loin dans le temps ou dans l'espace l'origine et le transport de nos terres végétales. Nous avons une limite fixée, puisque nous sommes dans le bassin méridional de l'Aquitaine, formé par la *mer crayeuse,* ou pour mieux dire, par un golfe de cette mer : nous n'avons pas d'autre sous-sol que la craie, pas d'autres points culminants que ceux qu'elle constitue et ceux qui sont de formation postérieure à la sienne, — rien, en un mot, à chercher au-delà de la période crayeuse, et je trouve encore la tâche au moins suffisante à atteindre le but que je poursuis.

La MER tertiaire n'a point envahi la portion du Périgord dont je m'occupe : la craie finit à Creysse, avec l'encaissement rocheux du 3e lit de la Dordogne ; je n'ai rien à chercher au-delà, qui puisse intéresser la question que j'étudie ; mais si tout le puissant système des *calcaires marins* tertiaires manque complètement en dehors de cette anse crayeuse dont les deux chefs-de-baie sont à Tercis et à Royan, et dont le périmètre passe à Creysse, nous avons, en amont de la convexité de cette courbe, divers systèmes de dépôts d'eau douce antérieurs, contemporains ou postérieurs aux calcaires marins : *molasse éocène,* avec ses grès et ses argiles, qui passe, dans le Bordelais, sous les calcaires marins miocènes, — *calcaires d'eau douce* siliceux avec *meulières* dans leur intérieur et sur leurs bords, ou de nature moins siliceuse et plus friable ; — enfin, le *diluvium* (des géologues), et les *alluvions* moins anciennes que lui. C'est dans cet ensemble qu'il nous faut chercher et choisir.

Je commence cette recherche par l'horizon théorique le plus bas, et pour cela, je me réfère à la coupe géologique *du Pescairou à Faux,* que j'ai donnée ci-dessus en décrivant le *diluvium.* (Ch. III, § 7).

Sur la craie repose normalement et immédiatement la molasse. Si celle-ci est balayée par les eaux, la craie demeure à nu et toujours *solide,* soit qu'elle appartienne au 2e ou au 3e étage de M. d'Archiac (hors le cas de friabilité exceptionnelle que j'ai signalé plus haut, car nous n'avons point ici d'*argiles* ni de *sables de la craie,* du moins à découvert). Dès-lors, si un dépôt-meuble quelconque, pour si mince qu'il

soit, recouvre cette craie solide, c'est qu'il y a été apporté : en voici
encore une nouvelle preuve , prise d'un autre ordre de faits. La molasse,
ai-je dit, repose *immédiatement* sur la craie , et *normalement* aussi sur
tous les terrains qui appartiennent à la formation de la craie , mais NON
PAS *sur le 3ᵉ étage de M. d'Archiac ;* car, au-dessus de lui, il existait en
Périgord un autre étage qui a été complètement emporté, complètement
dissous, à l'exception de ses noyaux de silex à *Faujasia.* A quelle époque
la destruction de cet étage a-t-elle eu lieu? nous l'ignorons , mais c'était
certainement avant le dépôt de la molasse, puisque ces rognons siliceux
ont été *repris par la molasse, dans laquelle on les trouve maintenant
ensevelis.* Or, si l'on en juge par analogie avec nos craies de la Dordogne, des Deux-Charentes, de la Touraine et même du nord de la France,
la pâte de cette craie anéantie devait être blanche, grisâtre ou jaune, et
non gris foncé ou noire, comme celle des Pyrénées. Il est donc prouvé
par là qu'elle a complètement disparu, ou du moins que nous ne la connaissons nulle part, et *le fait* se résume en ce que j'ai dit : « La molasse
repose immédiatement sur la craie solide. »

Si donc le point qu'on examine offre un *sol de molasse,* ce sol meuble
y a été déposé et n'appartient pas à l'ossature solide du lieu. — Même
réponse si la craie est recouverte par des argiles d'eau douce, comme
cela doit nécessairement être , et comme cela est dans le fond du vallon
de Lanquais, où quelques creusements de fossés et de ruisseaux ont
montré des argiles noirâtres venant du *pays blanc*, mêlées de veines
jaunâtres d'argiles et de sables de la molasse , descendues avec les eaux
des affluents et des versants du bassin hydrographique du Couzeau. —
Enfin, si la craie solide est recouverte par des argiles, sables ou cailloux
du *diluvium* (des géologues), c'est cette masse d'eau courante qui les
y a apportés et délaissés ; ils n'ont rien de commun avec leur sous-sol.

Il est difficile de distinguer, parmi ces origines diverses mais fort voisines et même analogues par l'aspect et souvent par la couleur de leurs
dépôts *terreux*, à *laquelle* doit appartenir la terre végétale qu'on a sous
les yeux. La théorie *démontre* que cette terre vient d'ailleurs ; on n'en
peut guère dire davantage qu'à l'aide des éléments *clastiques* qui s'y
trouvent mêlés , et le langage de ceux-ci n'est plus, partout, très-précis.

La seule nature de terrain, en effet, qui actuellement n'ait pas été
remaniée, défigurée par la pioche, adultérée par les transports de terre,
c'est le *caussonal*, cette pellicule de quelques centimètres de terre
argilo-calcaire excellente, couverte de bois ou d'un gazon court dans

10

les endroits découverts. Le *caussonal* est à son état de pureté (et presque toujours d'une minceur extrême) dans les bois où il n'a reçu d'autres modifications que celles que l'addition du terreau de feuilles lui a apportées. Sur les points découverts, et qui sont toujours en pentes rapides, il a reçu, comme accroissement, l'humus de son propre gazon, les poussières apportées par les vents, et les parcelles des localités supérieures, que les pluies lui apportent sans cesse pour remplacer celles qu'elles lui enlèvent pour les entraîner plus bas. Mais les défrichements des pentes découvertes envahissent si promptement toutes les pentes rocailleuses susceptibles d'un établissement de terrasses ou qui offrent un peu de bonne terre à mêler à celle qu'on y apportera d'ailleurs, que le *caussonal* pur (1) devient excessivement rare. Je l'ai vu, depuis trente-cinq ans, détruire ou modifier presque partout où, dans les environs immédiats de Lanquais, je pouvais autrefois l'étudier et y recueillir les bonnes plantes calcicoles qu'il nourrit. Je puis dire seulement, en gros, qu'il est toujours d'une teinte plus foncée que la roche qui le supporte, ordinairement noirâtre, brun-ferrugineux ou brun-rougeâtre, jamais, si je ne me trompe, d'un rouge décidé (les argiles, sables et graviers *rouges* sont les plus infertiles que nous offre la molasse, et après eux, ceux qui sont colorés fortement par l'hydrate de fer). Lorsque le *caussonal* tire davantage sur le jaune clair, on peut présumer que les argiles molassiques de cette couleur jouent un rôle important dans sa composition. Celui qui tire sur le noir peut être attribué, dans les localités favorables, au terrain d'eau douce; celui qui tire sur le brun-ferrugineux foncé, paraît devoir son origine au *diluvium* (des géologues), qui a dissous les nids ferrugineux de la molasse, ou bien à des inondations postérieures, car on sait qu'en mélangeant toutes les couleurs qui se trouvent à la fois sur une palette, c'est une espèce de brun foncé, une teinte voisine de celle du chocolat qu'on obtient. Ce qui ferait croire *à cette dernière hypothèse* (inondations *postérieures*), c'est que le *caussonal* contient *toujours*, et le plus souvent à l'exclusion de tous autres si ce n'est *de menus graviers quartzeux*, — il contient toujours, dis-je, de nombreux débris *fragmentaires* ou *roulés de craie*, et

---

(1) Le *caussonal* pur est pour moi, de toute évidence, la terre que M. Jacquot désigne sous la qualification de « dépôt brun, ferrugineux, si étendu en France à la surface de l'oolite et de la craie » (*Note sur le sol arable et les cartes agronomiques, in Annuaire* de l'Institut des Provinces pour 1865, p. 200, *ad calcem*).

il n'y a *jamais* de débris de craie dans la molasse, dans le terrain d'eau douce, ni dans le *diluvium* (des géologues).

Quoi qu'il en soit, le *caussonal* des lieux découverts n'existe *jamais* que sur les parties absolument dénudées, et par conséquent saillantes, de la craie rocheuse; celui des lieux sylvatiques n'est conservé que dans les bois rocailleux, où il est toujours également mince et qui, par conséquent, n'offraient antérieurement que des surfaces de craie dénudée. On a pu remarquer, dans la coupe des Bourbous que j'ai figurée dans le Chapitre III, § 7 de ce Mémoire, une faible épaisseur de terre végétale séparant constamment *le lit de cailloux* des affleurements crayeux (ressauts des *lèves*, dont les inférieurs manquent, parce qu'ils ont été extirpés pour l'empierrement de la route nouvelle). Ce filet *intercalaire* de terre végétale, immédiatement *moulé sur la craie*, c'était, évidemment, du *caussonal*.

Je n'ai rien à dire de neuf pour les cas où la molasse reposerait immédiatement sur la craie, — ou le terrain d'eau douce sur la craie, — ou le *diluvium* sur la craie : toute confusion serait impossible, puisque la craie est purement *calcaire*, la molasse *argilo-siliceuse*, le terrain d'eau douce *argileux*, *siliceux*, ou caractérisé comme *non-marin*, le *diluvium* enfin *clysmien* et *sans mélange de calcaire*. La transmutation des oxides métalliques n'est pas admise dans la science, et la chaux n'est pas plus une *terre* que l'argile ou la silice : je crois donc que mes preuves sont valables, en ce qui concerne les sols qui reposent sur la craie.

Mais, pour en finir avec nos *sols arables* en général, je veux mentionner brièvement celui du *pays blanc*, et l'accident, très-rare ici, qui communique à nos sables de la molasse les qualités et l'aspect qui constituent la *terre de bruyère*.

Sur le premier point, je n'ai qu'une défaite et une excuse à présenter. Je n'ai point étudié le terrain d'eau douce de l'Agenais, dont notre plateau du *pays blanc* n'est que la bordure. Cette bordure appartient, à vrai dire, au bassin hydrographique de la Garonne, car elle n'a, sur celui de la Dordogne, qu'un versant très-étroit proportionnellement, et mécaniquement modelé par l'écoulement des eaux. Elle ne fait donc pas partie intégrante de la région que j'ai tenté de décrire; — et pour la décrire à ce point de vue tout spécial, il faudrait une longue série d'observations toutes spéciales aussi; d'autant plus que l'immense bassin hydrographique de la Garonne n'offre pas la simplicité de composition du nôtre, et que la question de l'origine des sols arables doit nécessairement y être entourée de nombreuses complications. Je me bornerai donc à répéter sommairement ici ce que j'ai dit avec plus de détails dans le Chapitre III, §§ 5 et 6 : le sol de la bordure duranienne du bassin garonnais est un *fond de lac* où les éléments argileux et calcaire l'emportent de beaucoup en abondance sur l'élément siliceux. Il en résulte, en général, une terre à blé excellente, forte, tenace, onctueuse, le plus souvent noire, parfois rougeâtre, toujours mêlée de nombreux fragments de calcaire d'eau douce blanc, — terre qui ne contient que peu ou point de sable siliceux, qui n'avait aucun élément *calcaire* à dérober au soussol qui la porte, — terre enfin qui a pu emprunter une certaine quantité d'argiles à la molasse sous-jacente, mais dont les qualités fertiles sont dues principalement aux décompositions végétales et animales auxquelles est due sa couleur dominante, et qui se sont produites pendant la période d'existence du lac calcarifère.

Quant au second point, la *terre de bruyère* est tellement rare dans nos environs, malgré les masses de sables molassiques dont le pays est comme revêtu, qu'on n'en connaît que dans la forêt de Lanquais, et cela sur un seul point de cette forêt qui recouvre pourtant, jusqu'à Verdon, une surface de 25 à 30 kilomètres carrés. Ce petit gisement occupe une des pentes qui dominent le *cul-de-sac,* cirque ovale et fermé de toutes parts, au fond duquel est placé un entonnoir boueux où s'absorbent les eaux des parties correspondantes de la forêt. L'ossature crayeuse des pentes de ce cirque est recouverte d'un épais manteau de sables molassiques où croissent les chênes, les bruyères et les ajoncs dont la forêt est peuplée, et l'une de ces pentes est composée de terre de bruyère noire, souple, onctueuse, excellente en un mot.

Je ne puis expliquer ce gîte que par analogie. Non loin de là, une dépression légère d'un plateau de la forêt retient toujours quelques centimètres d'eau peuplée de joncs et de sphaignes (lac Salissou); c'est nécessairement un rudiment de tourbière au petit pied. J'en puis dire autant d'un entonnoir plus petit, profond et régulier, qui se trouve dans une autre partie de la molasse de la forêt (lac Nègre), et d'un autre espace presque plat ressemblant au lac Salissou, qui se trouve dans le bois de Guinot, sur le plateau molassique qui domine *La Graule* (commune de Lanquais), entre Monsagou et le front nord de la forêt. Le gisement de *terre de bruyère* du *cul-de-sac* me semble avoir été la *coupe* et le *pied* (tuyau) d'un entonnoir tourbeux analogue à ceux-là, et dont le bord aura été démantelé par des éboulements anciens dans le cirque du *cul-de-sac.*

CHAPITRE V

—

SILEX TAILLÉS DE MAIN D'HOMME; QUESTIONS DILUVIALE
ET ALLUVIALE.

Dans la disposition actuelle des esprits, — au moment où l'attention générale des savants a été si puissamment appelée sur les questions *diluviales* et sur les *silex travaillés* de main d'homme, — et surtout dans une province jalouse à juste titre de compter parmi les pays de renom celtique, comment pourrait-on s'occuper de géologie sans toucher à ces questions ?

A mon sens, cela ne se peut pas ; mais dans cette étude, j'ai la ferme résolution de réduire l'archéologie *à la portion congrue,* et de ne lui laisser dire que ce qui est absolument nécessaire à l'examen du côté *géologique* de ces questions.

1) Gisement des silex ouvrés, en Périgord.

Dans la partie du bassin de la Dordogne qui fait l'objet de la présente Étude, nous avons des haches *parfaitement polies* (en silex de la craie et d'eau douce, — et aussi en grès, en serpentine, en trapp et autres matières étrangères à notre bassin). De plus, nous en avons aussi de *non polies* (travaillées par grands ou par petits éclats) ou simplement ébauchées, ou retravaillées par éclats après avoir été polies : toutes celles-là sont en silex de la craie, ou bien plus rarement d'eau douce. Enfin, nous avons des *traits*, des *rabots*, des *pointes de flèche* ovalaires ou en queue d'aronde, enfin des *couteaux*, le tout en silex de la craie, de différentes pâtes et couleurs.

Je déclare ici — ce que nous avons déjà déclaré, M. de Gourgues et moi, dans nos correspondances avec M. Lartet (ce savant nous ayant fait l'honneur de nous questionner tous deux sur ce point), — je déclare que, depuis trente-cinq ans que nous recherchons et étudions en commun ces divers silex travaillés de main d'homme, *nous n'en avons jamais trouvé* UN SEUL EN PLACE *dans l'épaisseur d'un terrain qui n'ait pas été remanié de main d'homme.* Je ne reviendrai plus sur cette assertion, qui est *absolue* en ce qui nous concerne personnellement, et en ce qui touche aux instruments *périgourdins* dont nous connaissons exactement la provenance : elle porte donc sur de nombreuses centaines, sur plus d'un millier de ces instruments. Nous les rencontrons toujours à la surface des divers sols, ou dans l'épaisseur du *guéret* pratiqué sur ces mêmes sols. Je ne fais d'exception que pour les *haches* POLIES, les seules qu'on trouve *parfois* placées *sous les souches* d'arbres qu'on déracine, — ce qui leur a fait donner par nos paysans comme par ceux de diverses autres provinces, le nom de *pierres de tonnerre.* La répétition assez fréquente de cette circonstance empêche qu'on considère de telles haches comme reposant *en place* dans un dépôt géologique *non remanié de main d'homme,* puisque nous n'en avons jamais trouvé ailleurs *dans de tels terrains.* Évidemment, la main de l'homme les a placés sous la racine des jeunes arbres qu'elle plantait, et c'est légitimement que j'étends à cette place artificiellement préparée, le nom de *guéret.* Presque toutes nos *haches* NON POLIES, travaillées à *grands* éclats, ou dites *ébauchées,* un bon nombre de nos *traits* et nos *couteaux,* sont en silex de la craie la plus supérieure de toutes, que j'appelle craie à *Faujasia,* (celle dont l'étage a été entièrement emporté et dont les seuls noyaux subsistent, repris qu'ils ont été par la molasse). Ces silex sont en général d'une pâte blanc-bleuâtre ou grisâtre, mats ou très-légèrement translucides sur les bords (j'ai recueilli une hache ébauchée, creusée d'un moule extérieur d'*Hemiaster Moulinsanus* d'Orb.); mais ils offrent parfois, comme leurs semblables *non taillés* et de même origine, des teintes jaunes, brunes, rougeâtres, violacées, dues aux oxides de fer et de manganèse qui abondent dans la molasse.

2) Leurs couleurs.

Ces teintes diverses peuvent sans doute être (quelques-unes du moins d'entr'elles et les zones concentriques) *naturelles* aux silex dont il s'agit; mais pour la plupart elles sont *accidentelles,* c'est-à-dire que l'*imbibition* de la couleur a eu lieu après que le rognon de silex a été repris par la molasse. Les rognons de forte dimension n'offrent guère, dans l'intérieur de leur masse, que la teinte *primitive* de cette qualité de silex (le blanc bleuâtre ou grisâtre) ou bien la coloration en zones régulières, et ce n'est le plus souvent que vers les bords qu'apparaît la coloration vague répandue dans la pâte du rognon.

Celle-ci appartient donc aux temps *géologiques*, antérieurs par conséquent à la portée des hypothèses les plus déraisonnables et les plus opposées à tous les enseignements de la tradition et de la saine science, qu'on ait jamais pu imaginer sur l'ancienneté de l'homme ; et cela fait déjà pressentir que plus tard, et même dans les temps modernes, cette faculté d'*imbibition* dont le silex est doué pourra s'exercer encore, bien qu'avec une intensité probablement moindre (1).

3) La Patine.

On a fait beaucoup de bruit, dans ces derniers temps, de ce qu'on a appelé la PATINE. Laissons subsister ce mot, puisqu'on lui a permis de s'introduire dans la circulation ; mais prévenons d'abord qu'il n'est pas d'une application rigoureusement exacte au sujet qui nous occupe. La *patine des antiquaires* résulte d'une oxidation plus ou moins *épaississante* de la surface des monnaies, statuettes, vases, armes, etc., des *antiques* de métal, en un mot. Si elle est très-pure, elle n'épaissit cette surface que dans une proportion presque inappréciable ; si elle est impure, elle peut acquérir une épaisseur très-sensible : si donc la patine s'accroît, c'est *de bas en haut*.

Dans la *soi-disant* patine des silex au contraire, il n'existe nul épaississement ; c'est une simple altération de la couleur de la surface, et l'aspect *physique* de cette surface se trouve ainsi modifié ; — ou bien

---

(1) « La substance des silex taillés de la brèche osseuse de Vallières (Loir-et-Cher) » est si peu altérée qu'on ne remarque à la surface ni dendrites, ni incrustations » calcaires, ni la plus légère apparence de cacholong. Cette fraîcheur et cette pureté » ont été observées sur quelques exemplaires bien authentiques des sablières de » Saint-Acheul. » (M. l'abbé Bourgeois, note spéciale, dans le ***Bulletin de la Soc.*** ***géolog. de Fr.,*** 1863, 2ᵉ sér., t. XX, p. 207). L'auteur ajoute à cette phrase, sous forme de note infrà-paginale, une réflexion bien concluante en faveur de l'opinion que nous soutenons. « La coexistence, dit-il, dans des conditions parfaitement identiques, » de haches dont la partie superficielle est TRANSFORMÉE et d'autres qui sont demeurées » intactes, n'autorise-t-elle pas à penser que l'altération est antérieure à l'enfouis- » sement ? »

l'altération s'étend, en outre, *à l'intérieur* jusqu'à une profondeur toujours minime ; en général elle n'atteint et surtout ne dépasse guère un demi-millimètre ou un millimètre, à moins qu'on ne l'observe sur un angle plus ou moins vif du silex, car alors la substance y est plus mince et les deux *foyers* de l'altération l'augmentent par leur convergence et leur réunion. — Ceci, dès à présent, fait voir qu'il y a deux sortes de patine, auxquelles le même nom, en langage rigoureusement descriptif, ne saurait convenir. La seconde sorte étant *pénétrante*, marche en sens contraire de l'autre, c'est-à-dire *de haut en bas*. Je donnerai, en son lieu, la description de ces deux sortes de patine (1).

4) L'une des deux espèces de patine.

Nous eûmes, au printemps de 1863, M. de Gourgues et moi, le plaisir de voir réunis à Bordeaux M. le Mis de Vibraye, membre de l'Institut, et notre jeune ami le Cte Alexis de Chasteigner, bien connu par de beaux travaux de numismatique et d'archéologie chrétienne ; ces Messieurs s'étaient donné rendez-vous pour quelques excursions consacrées à l'étude des questions diluviales.

M. de Chasteigner (2) nous fit voir comme caractérisés par la présence d'une *patine*, des instruments en silex dont la cassure montrait une *altération pénétrante* (de haut en bas) de la surface et de la couleur, puis de la couleur et parfois même de la substance de la pâte. Il opéra, devant nous, plusieurs de ces cassures sur des instruments (*couteaux* de *Monsagou* près Lanquais, dans les propriétés mêmes de M. de Gourgues), qui nous montrèrent, sur leur section triangulaire et sous la forme d'un

---

(1) Je ne saurais dire à qui appartient l'introduction du mot *patine* dans l'étude des silex travaillés. Nous avions cru nous rappeler qu'elle avait été proposée par **M.** de Perthes ; mais les deux volumes de ses *Antiquités celtiques et antédiluviennes* ne renferment que le mot *vernis,* mot excellemment choisi et exactement applicable à l'une des deux sortes de patine, à celle précisément qu'on remarque surtout sur les silex *ouvrés*.

(2) Dans la suite de cette étude, je ne ferai plus intervenir que le nom de **M.** de Chasteigner, parce qu'il a visité lui-même, à Lanquais où M. de Vibraye n'est jamais venu, la localité qui renferme ces instruments, — parce que c'est lui qui avait convié son savant ami à se réunir à lui pour aller visiter de nouvelles localités par lui récemment découvertes, — et enfin parce qu'il fut, sous les yeux de M. de Vibraye qui se borna le plus souvent à l'approuver du geste, le principal acteur dans cette *démonstration* et dans la conversation qui s'en suivit.

ruban de teinte différente , la *pénétration régulière et égale* de cette altération dans l'épaisseur des trois faces de ces silex, depuis que la main de l'homme les a taillés (1).

Nous n'avions jamais eu l'idée d'opérer de ces cassures, et nous avons dû nous rendre immédiatement à la parfaite évidence du fait (2); mais, une fois réunis à Lanquais , M. de Gourgues et moi, nous sommes allés ensemble à l'étude dans sa riche collection , à la formation de laquelle j'ai contribué pour une part moindre sans être minime , et nous avons reconnu que *tous* les couteaux appartenant à la même nuance de pâte et de couleur intérieures que celui qui fut cassé devant nous , présentent le même phénomène. Nous l'avons retrouvé , par une exception que je ne saurais expliquer et qui est probablement fort rare, sur un couteau du même silex, mais dont la pâte, au lieu de tirer sur le bleuâtre , est inégalement et faiblement teintée de larges panachures d'un gris-jaunâtre clair. Enfin , nous l'avons vu même sur une *hache* POLIE, pourvue de *méplats* latéraux , et qui appartient à la même qualité de silex que les couteaux , ainsi que sa cassure fraîche en fait foi.

---

(1) Il y a quelque obscurité dans la manière dont M. l'abbé Bourgeois (*Note sur les silex taillés de Pont-Levoy*, in *Bulletin de la Soc. géolog. de France,* 1863, 2ᵉ sér., t. XX , p. 538) parle de cette altération qu'il désigne sous ce nom de *patine ,* car il en fait mention *à la fois* comme étant une sorte de couverte « blanche et plus ou moins épaisse » (ce qui semblerait l'assimiler à la *croûte* des rognons de silex, chose assurément fort différente, comme on le verra plus loin !), et comme étant le résultat d'une « transformation du silex en cacholong, » transformation qui « n'est pas due au milieu, mais à l'action de la lumière. » Cette dernière définition se rapporte évidemment à la sorte d'altération que nous montra M. de Chasteigner; mais quant à la première , je reste dans le doute, et c'est là que je crois apercevoir quelque confusion.

(2) Il y a fort longtemps que je connais cette altération de la cassure de nos silex, non à son point de vue archéologique , mais à son point de vue physique. Je m'exprimais ainsi dans une lettre au président de la Société géologique de France (*Bulletin* de ladite Société , 2ᵉ série , t. IV, séance du 21 juin 1847, p. 1153), en décrivant les trois formes sous lesquelles je rencontre lesdits silex : 1º la *forme fragmentaire récente,* à angles vifs et sans altération de nature à la cassure ; 2º la forme » *fragmentaire ancienne* (de l'époque *géologique*) » — je le croyais du moins alors, parce que je ne l'avais pas remarquée sur des cassures opérées de main d'homme) « à angles moins vifs et avec altérations de nature à la cassure (sorte de *croûte* de »‑couleur différente, sur laquelle un géologue observateur ne peut se tromper. » — A cette époque, il n'était nullement question d'*annexer* les silex *ouvrés* aux questions géologiques, et j'avais complètement oublié cette observation, que j'ai retrouvée en me relisant pour l'étude de la question actuelle.

Tous les silex taillés, pourvus de cette altération, — et cela nous l'affirmons sans aucune exception, pour ceux de Lanquais du moins, — sont d'un *blanc mat à l'extérieur,* véritablement *blancs* lorsqu'ils sont bien lavés : il faut une cassure *moderne,* ou une cassure *actuellement faite exprès,* pour que leur couleur intérieure apparaisse. Il est donc évident que cette couleur extérieure *blanche,* et l'altération chimique de la surface que cette coloration implique, ont eu lieu dans le sol où les instruments ont été ensevelis, et cela *depuis que* la main de l'homme les a taillés ou polis.

Mais, hors de là, — hors de cette qualité et couleur de pâte qui admettent l'altération chimique et la coloration en blanc de la surface naturellement brisée, ou artificiellement taillée ou polie, — cette altération et cette couleur n'existent *jamais* (!), soit que les silex soient blonds, noirs, bruns, gris, rouges, violets, jaunes ou incolores (1), à moins qu'elles ne soient dues, comme dans les *meulières,* à des veines de silex lui-même. — Il s'en faut cependant qu'elles existent invariablement sur toutes les cassures qui offrent, ce semble, les mêmes couleur et consistance *de pâte* : cela doit dépendre, ou d'une qualité essentielle de pâte que je ne sais pas apprécier, ou des circonstances accidentelles du gisement. En un mot, ce phénomène et ses variations sont, en eux-mêmes, du ressort de la minéralogie et de la chimie : je ne suis ni chimiste, ni minéralogiste, et c'est à ces deux classes de savants, seuls compétents en cette matière, que je dois en renvoyer l'étude et l'appréciation intrinsèques ; ce n'est qu'au nom de la géologie et de l'archéologie que je puis soutenir le débat.

---

(1) L'*incolore* et le *blanc* sont deux choses fort différentes, ainsi que je crois l'avoir montré ailleurs (*Actes de l'Académie de Bordeaux,* 1851, 2ᵉ trimestre, p. 172 et suiv.). — En ce qui concerne les silex *de la craie* (les seuls dont il fût question ce jour-là, M. le Mⁱˢ de Vibraye me faisait l'honneur de me dire, à leur sujet : « Je ne connais pas de silex BLANCS, et je ne crois pas qu'il en existe. » Cette parole me surprit, accoutumé que je suis à en voir un nombre incalculable, même en fragments assez gros. Mais en réfléchissant, en me souvenant, en revoyant les lieux et cassant ces silex, je n'ai pas tardé à reconnaître la parfaite vérité de l'opinion du savant académicien. Les silex prennent souvent, jusques dans une épaisseur considérable, une blancheur mate qui les fait ressembler à de la faïence ; mais ce sont uniquement les *fragments* qui se montrent revêtus de cette couleur : si l'on brise *un rognon* de silex *dans son état d'intégrité,* on est toujours sûr que le centre du moins aura conservé la coloration *primitive* propre à la qualité de silex à laquelle appartient ce rognon.

J'ai donc à me demander, à ces deux points de vue, *quelles sont la* SIGNIFICATION SCIENTIFIQUE *et la* VALEUR *de ce phénomène, dans la question qui nous occupe.*

5) Croûte naturelle des silex.

Et d'abord, si l'on considère nos silex *en général,* leur surface peut offrir deux sortes d'altérations fort différentes et qu'il faut bien se garder de confondre, car l'une d'elles est absolument étrangère au sujet dont il s'agit. Je veux parler de l'altération primitive, *naturelle* des surfaces (toujours plus ou moins *courbes*) des rognons de silex gisant dans leur gangue : les silex noirs de la craie du nord de la France la font voir dans sa puissance la plus grande peut-être. Son degré suprême, c'est le quartz *nectique,* car alors le silex perd graduellement sa dureté, sa cohésion, et se réduit en une sorte de poudre. Son état moyen, ordinaire, c'est une croûte dure et blanche, plus ou moins épaisse, se fondant plus ou moins, du côté extérieur, dans le calcaire qui constitue la gangue; c'est enfin, s'il m'est permis d'employer ce mot, un cas de *métamorphisme au petit pied,* ou du moins une imitation des effets du métamorphisme. Le nom d'*écorce* pourrait lui convenir, mais celui de CROUTE lui convient bien mieux encore, et ce n'est nullement cela que M. de Chasteigner appelait *patine.* Cette *croûte* se trouve sur *toutes les pâtes* et *toutes les couleurs* des silex même *pseudomorphiques* de toutes les localités de la craie; et lorsque les surfaces qu'elle couvre coïncident avec la forme que l'ouvrier antique a voulu donner à l'instrument non poli qu'il façonnait, il a laissé cette croûte en place, et elle fait maintenant partie de la surface de celui-ci (haches, couteaux, traits, etc., du Périgord; haches en silex d'un noir magnifique, envoyées par MM. Lartet et Christy (1) à M. de Gourgues). — Pour en finir avec cette *croûte,* je répète qu'elle existe sur tous les silex quelconques de la craie du Périgord, et toujours aussi, si je ne me trompe, sur nos meulières; mais je n'en ai pas vu de traces (et cela me semble fort naturel) sur les *quasi-silex* (calcaires *excessivement* siliceux) du terrain d'eau douce auquel ces meulières sont associées.

Laissons donc de côté la *croûte* qui ne nous importe en rien et sur le compte de laquelle tout le monde est d'accord, pour aborder l'étude de

---

(1) Ce savant recommandable est l'un des membres de la Société géologique de Londres.

cet autre ordre d'altérations qui n'appartient qu'*aux cassures* des rognons primitifs, et qu'on a nommé *patine*. Ces cassures peuvent être *accidentelles* et fort anciennes (des époques *géologiques* même), ou *artificielles* (faites de la main de l'homme, et c'est par ce moyen qu'il opère *la taille* des silex), ou enfin *perfectionnées* par le polissage.

Les résultats de l'altération produite par ces diverses cassures sont de deux sortes, savoir : l'altération *des surfaces taillées, sans pénétration*, et l'altération des surfaces *taillées ou non taillées, avec pénétration*.

6) **Suite de la première sorte de patine.**

Cette dernière sorte — dont j'achèverai en premier lieu la description, — est celle dont il vient d'être question et à laquelle M. de Chasteigner a appliqué le nom de *patine* en nous présentant le *couteau de Monsagou* qui nous a donné, pour la première fois, l'occasion de reconnaître son existence. Je l'ai décrite comme « une *pénétration regulière et égale du dehors au dedans,* » qui borde la cassure, comme un ourlet sans épaisseur, au moyen d'un *ruban* teinté autrement que ne l'est la pâte du silex cassé.

M. de Perthes a reconnu, treize ans peut-être et cinq ans au moins avant M. de Chasteigner, ce genre d'altération des cassures, car il écrivait en 1857 (*Antiquités cell. et antédil.,* II, p. 51) : « Ces objets » portent la couleur du sable dans lequel ils ont été ensevelis, non- » seulement à l'extérieur, mais même dans une certaine épaisseur de » leur pâte, ce qu'on peut vérifier en les entaillant ; » — et plus loin (*ibid.,* p. 108) : « Quand on rompt les silex jaunis par le contact des » matières ferrugineuses, on s'aperçoit que la coloration a pénétré à » une certaine profondeur, un millimètre environ, mais que le centre » de la pierre est resté gris ou noirâtre. »

Ceci est très-bien observé et très-précis, mais incomplet, car M. de Perthes omet de rapporter à la même altération un phénomène qui accompagne constamment celui-ci et auquel il assigne une autre origine lorsqu'il dit quelques lignes plus haut (*ibid.,* p. 108) : « Les haches » qui ont séjourné dans les terres argileuses sont devenues *blanches,* au » point qu'on les croirait passées au feu. » On verra plus bas qu'il y a là quelque confusion, et que M. de Perthes a assimilé à un certain point de vue (celui de la *cassure*) l'altération à la fois *externe* et *interne* à l'altération *purement externe* qui constitue l'autre sorte de patine (le *vernis* des surfaces *taillées*), tandis qu'à un autre point de vue (celui du *vernis*) il n'a point confondu ces deux accidents et accorde , par le fait , une bien plus grande importance au second qu'au premier.

Par ces motifs, et pour rendre le débat plus clair, je désignerai la patine qui affecte à la fois la surface et la pâte de la cassure sous le nom de patine PÉNÉTRANTE, et celle qui est *purement extérieure* (le vernis luisant) sous le nom de patine SUPERFICIELLE ou tout simplement de VERNIS, puisque c'est le mot que M. de Perthes a primitivement employé.

Ces deux espèces me semblent avoir été véritablement confondues (du moins quant à leur *signification*) par quelques savants ; et comme ils paraissent attacher une haute importance *archéologique* à la présence de *la patine* en général , il ne sera pas sans intérêt pour eux et même pour l'élucidation scientifique de la question , de les mettre à même de toucher *au doigt et à l'œil* (je puis le dire avec une exactitude parfaitement rigoureuse) les caractères qui distinguent les deux espèces. Elles n'ont pas été confondues *à un certain point de vue,* ai-je dit, par M. de Perthes, et nous en trouvons la preuve directe dans l'envoi qu'il a fait à M. de Gourgues de deux haches fort dissemblables d'aspect, mais de même gisement. Or, il dit précisément, dans son grand ouvrage, qu'il en existe de fort dissemblables, par leur apparence extérieure, de celles qui ont une belle patine, et qu'on ne peut les rapprocher de celles-ci que parce qu'on les trouve ensemble, — en d'autres termes, qu'il existe dans son *diluvium* des haches semblables à celles de l'époque la moins ancienne, et l'on ne peut les distinguer de celles de cette dernière époque que parce qu'on les trouve dans le même gisement que les haches revêtues de la belle patine luisante (lesquelles sont pour lui les plus anciennes). C'est ce qu'il reconnaît très-catégoriquement dans le passage suivant de son tome II, p. 65; — passage qui, pour le dire en passant, ne témoigne guère en faveur de ces caractères intrinsèques *de forme et de couleur,* dont il parle souvent ailleurs (p. 107 par exemple) et qui font, dit-il (p. 110) « qu'il ne s'y est plus trompé, après un peu » d'étude, quand il a rencontré les silex *diluviens* dans les tourbières et » les sépultures. » Voici le passage en question :

« Avant de finir ce chapitre, je dois relever une erreur que j'ai com- » mise dans un premier exposé. J'y ai attribué aux Celtes, ou aux peu- » ples que j'ai désignés ainsi, plusieurs signes en silex qui appartiennent » réellement à la période *antédiluvienne.* Cette erreur vient de ce que » j'ai d'abord découvert ces morceaux dans les sépultures et les terrains

» *celtiques ;* mais depuis, des objets absolument identiques, recueillis
» dans les bancs diluviens, m'ont démontré que les premiers en prove-
» venaient, et que c'était dans ces bancs ou sur le sol qu'ils avaient été
» trouvés par les Celtes et ramassés pour être déposés dans les lieux où
» je les ai rencontrés. »

Ce qu'il peut rester d'obscur dans cette citation, aux yeux des per-
sonnes à qui la question ne serait pas familière, va être éclairé par une
courte digression historique, à laquelle je dois me livrer avant de passer
à la description de la deuxième sorte de patine.

7) Historique de la discussion.

L'auteur de la nouvelle théorie *diluviale*, mon savant et bien ancien
ami M. J. Boucher de Perthes, nomme *historiques* ou *celtiques* (en
Picardie et par conséquent partout ailleurs) les instruments taillés qui
demeurent privés de *patine*, — et *antédiluviens* ceux qui en sont revêtus
et qui, recueillis *en place* à une profondeur plus grande, proviennent,
selon lui, d'une époque très-antérieure. Je n'entre ici dans aucun des
détails de ce sujet d'études; archéologues et géologues, tout le monde les
connait aujourd'hui. Selon lui encore, les hommes qui ont taillé ces silex
à patine *ont vécu contemporains* des grands mammifères éteints maintenant, et dont il retrouve les restes dans le dépôt qui contient ces silex.

De nombreux géologues anglais et français, après une étude attentive
et plusieurs fois répétée des gisements picards, ont adopté l'opinion
de M. de Perthes, et ont déclaré reconnaître dans ces dépôts : 1° la contemporanéité d'existence des grands mammifères et de l'homme ; 2° (par
conséquent) la *fusion* en un seul et même dépôt de l'ancien *diluvium*
des géologues (regardé jusqu'alors comme antérieur à l'apparition de
l'homme sur la terre), et du *déluge historique*, dont les Livres saints et
les traditions unanimes de tous les peuples ont conservé le souvenir (1).

---

(1) D'autres savants — les savants suisses en particulier — n'ont pas accordé un
assentiment aussi explicite, aussi complet, aux conclusions que M. de Perthes tire
de ses recherches. M. le professeur Marcet, président de la Société de physique et
d'histoire naturelle de Genève, présentant, en 1863, son Rapport sur les travaux
de cette célèbre compagnie pendant l'année académique 1862-1863, s'exprime
ainsi : « L'authenticité de la mâchoire humaine de Moulin-Quignon étant *reconnue*
» *incontestable*, il reste à résoudre la question d'antiquité, c'est-à-dire à décider
» quelle place devra occuper le dépôt de Moulin-Quignon dans la série des forma-
» tions quaternaires et modernes. »

Tel est, je crois, aussi succinct et aussi fidèle que possible, l'historique de la question ; et pour le dire en passant, j'ai dû, malgré ma longue résistance et ma répugnance instinctive (partagée d'ailleurs par des savants recommandables), m'incliner devant des faits ainsi solennellement proclamés. Cela renversait presque toutes les idées anciennement accréditées ; *une seule* — et c'était l'*essentielle* — restait debout : la découverte de M. de Perthes, en bonne logique, ne VIEILLISSAIT nullement l'homme (comme on n'eût pas manqué de le déclarer *vieilli* si l'on eût trouvé ses ossements dans le calcaire grossier, ou dans le calcaire jurassique où l'on a rencontré un Didelphe). Elle *rapprochait seulement de nous* la période d'existence des grands mammifères dont quelques espèces sont encore conservées, poils et chair, sous les glaces de la Sibérie ; elle supprimait ce *diluvium anté-historique*, si rationnellement admis par les géologues de l'école de Cuvier et de M. Élie de Beaumont comme transition entre l'époque *géologique tertiaire* où l'homme n'eût pas trouvé sur la terre les conditions nécessaires à sa vie, et l'époque *quaternaire, actuelle,* où ces grands mammifères éteints ne trouveraient plus celles qui furent nécessaires à leur existence.

Mais un jour, au sein du premier corps scientifique du monde contemporain, une voix grave et respectée de tous s'est fait entendre. Elle ne *commande* pas, il est vrai, la soumission absolue des convictions individuelles ; car, pour être la voix du Prince de la géologie, elle n'en est pas moins celle d'*un homme*, et Dieu n'a point garanti à l'homme la possession *assurée* de la vérité dans les *déductions* qu'il croit pouvoir tirer *des faits* qu'il observe.

Mais enfin, cette voix, c'était celle de M. Élie de Beaumont (ce nom dit tout), et ce grand maître déclarait ne reconnaître que des ALLUVIONS plus ou moins anciennes, dans les gisements picards qu'il a personnellement connus lorsqu'il a pris sa part de la confection de la *Carte géologique de France.* Il déclarait, avec l'accent de ce respect sincère qu'il est si noble et si beau de voir les intelligences les plus hautes se porter mutuellement, — il déclarait s'en tenir à la ligne de démarcation tracée par Cuvier entre l'époque anté-humaine et l'apparition de l'homme sur la terre : « C'est l'œuvre du génie », s'écriait-il, « et il n'y faut pas » y toucher ! »

Dès ce moment, les géologues ont pu, sans une outrecuidance malséante à tous ceux qui ne sont pas l'illustre auteur de la Chronologie des soulèvements, rentrer dans l'indépendance de leurs appréciations scientifiques, restituer son rang d'ancienneté au *dilurium géologique,* et le distinguer des *alluvions* contemporaines de l'homme.

C'est avec joie et confiance que j'accueille cette sorte d'émancipation scientifique, désirée, attendue, et je dirais presque *pressentie* par des savants dont je tiens à grand honneur de recueillir avec sympathie les enseignements et de suivre du moins loin que je puis les traces. C'est dans cette voie que, rendu à la liberté de ma manière de voir personnelle, j'ai conçu le plan de la présente étude, qui est le résumé de mes observations locales de près de quarante années.

« La constatation de ce fait, — (la contemporanéité des animaux per-
» dus), » disait Marcel de Serres, il y a quatre ans — « ne saurait suffire
» pour faire attribuer à l'homme une antiquité plus grande que les faits
» historiques ne semblent l'indiquer ; elle prouverait simplement que plu-
» sieurs animaux d'espèces perdues sont moins anciens que les géolo-
» gues ne l'avaient supposé jusqu'à présent. » (Paul de Rouville, *Éloge historique de Marcel de Serres,* prononcé à la rentrée des Facultés, en Novembre 1863, page 24).

8) Deuxième sorte de patine.

Après cette digression, je me hâte d'en revenir à la description de la vraie patine de M. de Perthes (le *vernis*) prise sur deux échantillons magnifiques, étiquetés *de sa main* en qualité d'*antédiluviens,* et envoyés par lui à M. de Gourgues. — Ce sont des *haches* (qu'en Périgord nous appellerions plutôt des *traits,* à cause de leur forme plus aplatie et plus brusquement ramenée à la forme pointue du bout le moins large, que ne le sont nos haches *non polies*) ; le travail, c'est-à-dire l'enlèvement de la matière *par éclats* de moyenne grandeur, est le même que dans nos beaux instruments de même forme et de même taille.

L'un de ces silex taillés est un silex *d'eau douce* analogue à ceux de la Beauce et à ceux de notre terrain d'eau douce du plateau d'Issigeac. Il est complètement *blanc* en dedans comme en dehors, si ce n'est qu'il est sali de jaune, en dehors, par sa gangue sablonneuse, mais sans imbibition ou pénétration quelconque et sans aucune modification de texture ; mais il présente à un faible degré, sur ses parties saillantes, le *vernis sans épaisseur* qui caractérise la belle patine de M. de Perthes. Il ressemble à tel point et de tout point à nos instruments en silex de la craie à *Faujasia,* que je l'ai cru de même nature, jusqu'au moment où j'y ai opéré moi-même une cassure qui m'a fait voir sa pâte. Je ne m'y arrêterai donc pas, et je prendrai pour type de la *patine superficielle* ou *vernis*, l'autre hache envoyée par M. de Perthes; ce type est complet et parfait.

Il ne présente point, comme dans la patine *pénétrante* une modification de couleur de la surface taillée ou cassée, — modification qui *pénètre* jusque dans la pâte et va parfois jusqu'à s'étendre à la *contexture* de la partie altérée de la dite pâte, — modification enfin qui entoure la cassure naturelle ou artificielle d'une sorte de *ruban* continu et se distinguant, par sa couleur, du centre de la pâte.

Non, encore une fois, ce n'est point cela! La patine de M. de Perthes est un simple *vernis extérieur, transparent, sans épaisseur* et *sans pénétration* appréciables. Ce vernis, sorte de polissage non prémédité, qui rend la surface *miroitante*, est presque comparable à l'aspect obtenu en frottant d'huile une pierre à grain fin, ou mieux encore en frottant de cire un bois dur, un parquet par exemple. Ce vernis prend une teinte *jaunâtre* (due aux sables ferrugineux de la gangue), ou une teinte *bleuâtre*, selon l'espèce du silex qui en est revêtu. Lorsque la pâte du silex est naturellement blanche (hache en silex d'eau douce blanc, étiquetée *antédiluvienne* par M. de Perthes), la teinte jaunâtre sur fond blanc est uniforme, et elle est *la même* sur les portions à pâte *blanche* des silex *colorés* (silex *brunâtre* translucide que je crois aussi d'eau douce [meulière], dont sont formées l'autre hache étiquetée *antédiluvienne* par M. de Perthes, ainsi que l'une des deux envoyées par M. Christy). Mais ce silex brunâtre de M. de Perthes change de couleur externe sous l'influence du *vernis*; il devient blanc-bleuâtre, laiteux, et réellement *bleu* en certains endroits, au point de rappeler la teinte extérieure du silex ménilite de Ménilmontant. Cet effet ne se produit pas sur la hache envoyée par M. Christy, parce que celle-ci est en silex *marin* brun-rougeâtre, *opaque* et non translucide, mêlé de portions de pâte naturellement blanches, comme ses cassures antiques en font foi. Le vernis est aussi visible sur cette hache que sur celle de M. de Perthes, mais son aspect est moins luisant et frappe moins l'observateur, parce qu'il n'y a pas, dans la pâte, de parties susceptibles de *changer de couleur*. Pour celle-ci comme pour la première, donc, tout le phénomène se réduit à un jeu de lumière dépendant de la qualité du silex sous-jacent : il n'y a *nulle modification* de la substance du silex, nul changement de grain dans la pâte, nulle épaisseur, je le répète, dans la modification; par conséquent, il n'existe aucune trace de *quasi-métamor-*

phisme. Quand le silex est opaque, il demeure opaque : c'est le cas des silex *rougeâtre* et *blanc* que je viens de citer. Quand il est *translucide*, le jeu de lumière le fait changer de couleur externe ; de gris-brunâtre, par exemple, il devient *bleu.*

9) Importance contestée de la patine.

Est-ce là une chose digne de remarque ? Un long séjour soit à l'air, soit dans l'eau, soit dans la tourbe ou dans un sol terreux quelconque, n'aura-t-il pas la puissance de modifier l'apparence *purement extérieure* d'une substance aussi dure, aussi compacte, aussi fine de pâte que le sont les silex ? J'en appelle à tous ceux qui ont plongé une hydrophane OPAQUE (sèche) dans un verre d'eau, et qui, quelques instants après, l'en ont retirée TRANSPARENTE, et qui ont recommencé vingt fois le même manége avec le même résultat. Qu'est-ce, auprès de cela, que la modification dont je viens de faire connaître les seuls résultats appréciables ?

Il semble qu'ici j'aurais dû reproduire textuellement la description donnée par M. de Perthes de son *vernis*, afin de ne pas courir la chance de dénaturer, même involontairement, sa pensée au profit de mon opinion. On a vu que je ne recule guère devant ce danger ; et cependant, je me vois forcé de battre en retraite, en présence d'un passage (t. II, p. 110 et 111) où l'auteur semble réserver le *vernis* (qu'il *décrit* avec une admirable exactitude, mais qu'il *explique* d'une manière qui n'est absolument que brillante et poétique) pour les instruments *antédiluviens* qui ont *séjourné longtemps sur le sol.* Et pourtant, il envoie à M. de Gourgues *trois* pièces qui en sont revêtues à *deux* degrés différents :

La première est la hache blanche en silex d'eau douce ; mais, n'admettant guère que des différences de *couleur* et non de nature entre les divers silex, il a dû ne pas se douter que celui-ci est blanc à l'intérieur, et le rapporter aux haches que *leur séjour dans l'argile diluvienne rend blanches à l'extérieur et comme passées au feu* (p. 108) ; son *vernis* est très-faible, mais elle en a.

La deuxième est le magnifique spécimen, fortement vernissé, sur lequel j'ai décrit le type de la belle patine de l'auteur, et il n'est point dit qu'il soit ramassé *sur le sol,* tandis que cette circonstance est spécifiée sur la troisième pièce (silex non taillé), qui est presque aussi vernissée que la précédente, et au moins autant que celle de M. Christy. La forme des trois haches n'est pas absolument identique ; elle est moins épaisse et plus effilée dans la blanche, plus massive et moins finement profilée dans les deux autres. Nous avons dû croire que les deux haches de M. de Perthes proviennent DES BANCS *diluviens, argileux* pour la blanche, *sablonneux* pour la bleue. Autrement, à quoi aurait servi le silex *bleu* non taillé, s'il n'était pas destiné à montrer que, sorti du même gisement primitif, il avait conservé, à l'air, la même apparence que la hache avait acquise dans ce *sable,* en vertu d'une des deux explications *poétiques* dont je parlais tout-à-l'heure? Or, cette explication est déclarée appartenir *aussi* au cas particulier de l'enfouissement (fin de la page 111 et commencement de la page 112).

Il faut le reconnaître, tout cela est si peu rigoureux, — il y a si peu de concordance *constante* entre divers passages du vaste ouvrage de M. de Perthes, — entre divers articles de journaux, — et les *envois en nature,* que j'ai cru devoir, pour traiter la question scientifiquement, m'en tenir non *aux mots* mais *aux objets eux-mêmes,* pour décrire deux choses *réellement existantes* mais *réellement différentes : —* la patine *pénétrante* et le *vernis superficiel.*

10) Conclusions, relativement à la patine.

Elles existent, dis-je, donc, elles avaient droit à être décrites : c'est ce que j'ai fait.

On leur a attribué une grande importance, d'où naît le droit de discuter cette importance, et c'est ce que j'ai fait aussi pour la première espèce. Je vais achever de le faire pour la seconde, et je fais observer d'abord que toutes deux chemineront côte à côte jusqu'au bout de cette discussion, car nous avons en Périgord le *vernis superficiel,* tout comme la *patine pénétrante.*

Comme cette dernière, le vernis n'affecte pas tous les silex d'une même qualité; mais quand il existe, son poli *cireux* égale, non entièrement mais à peu de chose près, l'éclat reluisant de la plus belle hache envoyée par M. de Perthes, et dépasse parfois de beaucoup celui de sa hache *blanche* et celui de la hache *rougeâtre* de M. Christy. Les teintes *blanc-bleuâtre* et *bleue* manquent ou ne se montrent que très-faiblement sur certaines veines, dans les échantillons que nous avons sous les yeux; mais cela n'est pas étonnant, car nos silex fortement *colorés* sont *marins,* de la craie, et j'ai dit que la belle hache de M. de Perthes et son silex non taillé — tous deux provenant selon lui, du *diluvium,* — sont d'*eau douce* (je le crois du moins) et par conséquent d'une pâte différente.

J'ajoute que nos silex *à vernis,* sont AUTHENTIQUES *en tant que tels,*

car M. de Perthes écrivait à M. de Gourgues, le 4 Mai 1858 : « Parmi
» ceux que vous m'avez envoyés, il en est un *qui provient certainement*
» *du diluvium,* bien qu'il ait été longtemps *sur le sol ;* JE L'AI RECONNU à
» la forme et à la couleur ».

En présence du nombre et de l'infinie variété de formes que nous
rencontrons en Périgord, je ne saurais me rendre compte de ce que
M. de Perthes peut trouver de caractéristique dans la *forme*. Nous ne
jouissons pas même du privilége qu'il possède de distinguer les silex *par*
le gisement, comme il est dans l'usage de le faire quand ils ne présentent
aucun autre *caractère différentiel,* puisque les nôtres n'ont d'autre
gisement que le sol remanié de main d'homme. « C'est votre faute, »
nous dira-t-on ; « cherchez des *gisements...* » Peut-être en existe-t-il ;
nous ne pouvons jurer du contraire ; mais il faut avouer que nous
aurions, dans ce cas, vraiment joué de malheur !.... On en jugera peut-
être ainsi, en présence des études locales de plus de trente années, dont
nous condensons les résultats dans ce travail.

« Mais, » dira M. de Perthes, « vos silex du *diluvium remanié* viennent
» se mêler dans le sol à vos silex *celtiques ;* et puisque M. de Chasteigner
» vous montre, lui aussi, une *patine* dans vos couteaux *de Monsagou,*
» vos couteaux de Monsagou viennent du *diluvium* ».

« NON ! » répondra M. de Chasteigner ; « ce sont bien certainement
» des couteaux *celtiques !* » — car M. de Chasteigner les a RÉCOLTÉS
LUI-MÊME, en tel nombre et avec un tel accompagnement d'*éclats* obtenus
en détachant les couteaux des *masses* desquelles la percussion les a tirés,
et de ces *masses* elles-mêmes, qu'il n'a pu méconnaître à Monsagou
l'existence d'un *lieu de fabrique*.

Et, — chose bien curieuse, inattendue peut-être ! — il y a une autre
personne qui répondra NON ! comme l'aura fait M. de Chasteigner ; et
cette personne n'est autre que M. de Perthes lui-même !

En effet, M. de Perthes ne croit pas, lui, aux *lieux de fabrique* pour
les instruments *postdiluviens ;* il s'en est expliqué fort clairement dans
une lettre à M. de Gourgues (1), par laquelle il lui fait connaître *comment*

---

(1) Dans la lettre déjà citée, du 4 Mai 1858, M. de Perthes s'exprime ainsi, en
parlant des silex qu'il nomme *antédiluviens :* « Silex taillés, vierges, c'est-à-dire
» n'ayant pas été ramassés sur le sol, mais extraits par moi-même du *diluvium,* des
» sépultures ou des tourbières, et souvent à des profondeurs considérables : il est
» facile de les distinguer de ceux qui ont été exposés à l'air. Tel silex taillé et enfoui

les amas d'instruments et d'éclats se sont formés par le fait des *honneurs
funéraires* rendus aux morts par les passants, qui accroissaient pieuse-
ment la masse de leurs tombeaux en y amoncelant des instruments
façonnés *sur place* et sans beaucoup de soin, au moyen des pierres qu'ils
ramassaient sur le sol. Cette touchante coutume existait-elle également
chez les peuples antédiluviens et *postdiluviens?* M. de Perthes n'élève
pas le plus léger doute à cet égard. Séparés par un nombre de siècles
« impossible à calculer, » ou seulement par l'espace « *d'une année* »
(durée assignée par Moïse au déluge historique), ces peuples ont
conservé une identité telle dans leurs us et coutumes (à l'exception d'un

---

» immédiatement dans une sépulture, après des milliers d'années paraît aussi frais
» que s'il avait été ouvré une heure avant. La plupart de ces silex ouvrés qu'on
» trouve par centaines autour des vases cinéraires, étaient des *ex-voto.* Chaque
» guerrier ou chaque passant en jetait, dans la fosse ou le champ consacré, un ou
» plusieurs qu'il taillait lui-même ou faisait tailler à la hâte. De là le nombre de ces
» haches ébauchées, de ces couteaux grossiers et autres formes déterminées par
» l'usage. Les chefs seuls consacraient au mort ou au dieu du lieu des haches polies,
» mais celles-là étaient enterrées avec cérémonie, perpendiculairement, et ordinai-
» rement trois ensemble. J'en ai plusieurs fois trouvé ainsi réunies au milieu d'une
» masse incroyable de silex ébauchés. »

On s'étonnerait à bon droit d'entendre M. de Perthes parler de *vases cinéraires*
(qui supposent l'*ustion* des corps) à propos de silex *antédiluviens*, lorsqu'on sait
que les poteries celtiques, gauloises même si l'on veut, sont déjà si peu communes !
Mais il est évident que les deux époques sont un peu confondues dans cette rédaction
épistolaire et peut-être précipitée. Pour dégager la véritable pensée de l'auteur, il
est nécessaire de recourir, dans la même lettre, à l'alinéa qui précède celui-ci et
qui est ainsi conçu :

« .... J'ai divisé ma collection en deux parts (en outre des échantillons d'origine
» douteuse et de ceux qui n'ont pas été trouvés dans leur gisement primitif), savoir :
» 1º ceux qui ont été recueillis dans les tourbières et les sépultures *celtiques*, à la
» place même où ils ont été enterrés ou déposés par les Celtes ; — et 2º, ceux qui,
» entraînés par le torrent *diluvien* avec les cadavres des animaux de l'époque, se
» trouvent au milieu de leurs débris et des autres silex ou blocs erratiques roulés par
» les eaux. C'est là qu'ils reposent depuis un temps qu'on ne peut calculer ; c'est
» dans ces bancs de *diluvium*, qu'on peut au premier coup-d'œil reconnaître pour le
» terrain vierge et mis au jour pour la première fois depuis le cataclysme diluvien. »

Au moyen de cette explication, la distinction établie par l'auteur devient parfaitement claire entre les deux natures de dépôts. Le rit des *ex-voto* dont il est question
ci-dessus, fait le sujet du dernier tiers d'une page des *Antiquités celtiques et antédiluviennes* de M. de Perthes (t. II, page 29 ; 1857.)

M. le Dr Ferd. Keller, premier promoteur des recherches sur les habitations lacus-

peu de progrès dans l'art et de l'invention du polissage des haches [1]),
que les Celtes empruntaient à leurs devanciers les signes d'hommage
dont ceux-ci avaient honoré leurs dieux ou leurs morts, pour les employer
à leur tour à un usage pareil.

Je n'ai point à discuter l'authenticité de cette histoire d'un peuple que
je ne connais pas ; elle demeure tout entière à la charge de M. de Perthes. Mais comme le déluge *historique*, dont il réunit *ici* l'époque à celle
du *diluvium*, est survenu nécessairement *après* les hommes *antédiluviens*, il s'ensuit INVINCIBLEMENT que ce grand cataclysme n'aurait pas
laissé *réunis*, dans un espace aussi étroitement limité que la vigne de
Monsagou, et sans les enfouir dans un dépôt clysmien bien facile à
reconnaître comme non remanié, ces *masses*, ces *couteaux* taillés bien
plus nombreux, ces *éclats* innombrables.... Tout eût été dispersé ! Donc,
M. de Perthes répondra nécessairement comme M. de Chasteigner :
« Non ! ce sont bien certainement des couteaux *celtiques*, et ce ne peut
» être des couteaux *antédiluviens* ! »

La Géologie viendra en troisième lieu et, d'accord sur ces faits et sur
leurs déductions logiques *avec* M. de Perthes et *avec* M. de Chasteigner,
elle répondra à la fois *à* M. de Perthes, *à* M. de Chasteigner et *à* la question que je me suis posée en ces termes : « Quelles sont la signification
» scientifique et la valeur de la patine, dans le sujet qui nous occupe ? »
— La Géologie, dis-je, répondra : « La patine, soit de l'une soit de
» l'autre de ses deux espèces, ne suffit pas pour assurer une date anté-

---

tres (*Remarques critiques* sur l'ouvrage de M. Troyon, *in Bull. monumental*, 1863,
t. XXIX. 8e livr., p. 792), professe une opinion entièrement analogue à la nôtre sur
la *non-distinction des races d'hommes* auxquelles on doit attribuer les instruments
divers et plus ou moins anciens, dus à l'industrie de ces temps reculés :

« Relativement au nom et à la détermination ethnographique du peuple qui . . . .
» s'est d'abord servi d'instruments en pierre et que pour cette raison on considère
» comme autochtone, on peut . . . . . . lui refuser toute parenté avec les Celtes . . . . . ou
» bien encore lui reconnaître des rapports avec la race découverte par M. Boucher de
» Perthes. Ce qui est hors de doute, c'est que ce peuple primitif ne se distingue de
» celui qui plus tard posséda les métaux, ni par ses aptitudes, ni par son genre de
» vie, ni par son industrie. Le phénomène tout entier des habitations lacustres,
» depuis son origine jusqu'à sa fin, indique de la manière la plus évidente un déve-
» loppement graduel et paisible. » — Cette opinion du savant zuricois me semble, je
le répète, complètement applicable aux phases diverses de l'âge de la pierre.

(1) « Les haches *diluviennes* ne sont jamais polies. » (*Antiq. celt. et antédiluv.*,
t. II, p. 108)

» diluvienne à un silex taillé , car elle ne fait pas distinguer, par sa seule
» présence , un instrument antédiluvien d'un instrument postdiluvien.
» Donc , dans la question dont il s'agit, la *signification scientifique* et la
» *valeur* de la patine sont nulles. »

11) Résumé.

Voilà une discussion longue et compliquée de nombreux détails : je crois devoir la résumer dans une analyse très-contractée et sous une forme pour ainsi dire *synoptique,* sans suivre l'ordre que j'ai adopté pour l'exposition des matières.

En 1847, sous l'initiative de M. de Perthes qui réunit le *déluge* historique au *diluvium* géologique, on a essayé de diviser les silex ouvrés en *antédiluviens* et *postdiluviens* ou *celtiques.*

Cette distinction ne repose ni sur la forme ni sur le travail, mais principalement sur le gisement des silex dans deux dépôts dont l'un est superposé à l'autre , et secondairement sur l'altération qui se montre à la surface de ces silex : on nomme cette altération *patine.*

Il existe deux sortes d'altérations de ces surfaces : l'une *purement extérieure* (vernis, ou patine *superficielle*); l'autre *à la fois extérieure et intérieure* (patine *pénétrante*).

Si la patine avait pour cause son antiquité *antédiluvienne,* on la retrouverait identique sur tous les silex dits *antédiluviens* (sur ceux du moins *de même qualité*), et on ne la retrouverait pas sur les silex *postdiluviens.* Or, il n'en est pas ainsi : la patine manque ou existe indifféremment sur les deux *classes* de silex ouvrés , et aussi sur les cassures qui ne sont pas dues à la taille, mais accidentelles , et cela selon que la *qualité* des silex le permet.

Quand bien même on se refuserait à admettre les preuves ci-dessus, tirées des silex en eux-mêmes, il serait impossible d'échapper à celle-ci tirée de l'ordre *historique,* à savoir que la patine *pénétrante* existe sur une hache POLIE et par conséquent *celtique, postdiluvienne* de l'aveu de tous.

Toutes les *qualités* ou *natures* de silex ne sont pas susceptibles d'être affectées de patine, et, comme M. de Perthes l'a fort bien reconnu lui-même , elle est souvent soumise à l'influence de la gangue qui l'a enveloppée.

Donc, la distinction entre les silex taillés *antédiluviens* et *postdiluviens* sous le rapport de la patine, ne repose sur aucun fondement solide.

Il n'est nullement *prouvé* qu'elle en ait davantage sous le rapport de la superposition des deux dépôts où l'on trouve les silex, puisque ces deux dépôts sont également rapportés à l'époque *postdiluvienne* (purement *alluviale*) par plusieurs géologues, et entr'autres par M. Élie de Beaumont.

12) Le Déluge historique.

Après cette étude, trop longue peut-être, de la question des silex ouvrés, j'en voudrais élargir le champ, en la rattachant à l'une des faces de la question diluviale en elle-même ; mais je serai très-sommaire dans l'exposition de mes idées à ce sujet.

Je regarde comme démontré *par la science*, que le *diluvium des géologues*, le vrai *diluvium*, a mis fin à un ordre de choses trop différent de leur ordre actuel, pour qu'on puisse faire remonter jusques *avant lui* les conditions actuelles de la vie humaine sur la terre, et par conséquent l'existence de l'homme. Je crois que les phénomènes physiques, chimiques, géologiques *d'immense puissance* qui ont précédé notre époque quaternaire actuelle, ont pris fin depuis un temps plus ou moins voisin de l'apparition de l'homme sur la terre, et sont au repos depuis le *diluvium*.

Cette différence extrême entre les intensités des actions physiques et chimiques, et par conséquent entre les résultats des phénomènes géologiques *aux diverses époques* de l'existence de notre planète, me semble une chose absolument *démontrée par les faits*, bien que des géologues célèbres (Sir Ch. Lyell entre autres) aient cru pouvoir expliquer ceux-ci par l'action continue des causes actuelles. De nos jours, il est vrai, il se fait des dépôts plus ou moins pierreux, des soulèvements légers et lents, des éruptions de matières solides, des envahissements de la mer, des écroulements, des ravins, des inondations, des changements dans le cours des rivières, etc. Mais, en tout cela, quoi de comparable aux phénomènes des époques dites *géologiques*, des dépôts de formations sédimentaires, du métamorphisme des roches, de l'émersion des terrains ignés de toutes sortes ? Tout cela peut se montrer de nouveau, sans doute, car le feu central est toujours là ; mais toutes ces causes physiques et chimiques sont au repos, encore une fois, depuis que l'état de la terre a été approprié aux conditions nécessaires à l'existence de l'homme. Les grands mammifères éteints, nous ne pouvons affirmer, à la seule vue de leurs dépouilles, qu'ils ne *pourraient* plus exister dans les conditions actuelles ; mais l'*homme*, nous le connaissons, lui ; nous savons qu'il ne pourrait exister sous l'empire d'autres conditions de milieu, car il n'a pas plus changé que les autres *animaux* n'ont changé pendant leur période d'existence.

Ce sont là des faits et des déductions qui ont, à bon droit, cours dans la science. Oserai-je m'appuyer sur eux pour exprimer une opinion — c'est une pure *hypothèse*, je le dis bien haut, — qui me semble être un corollaire *légitime*, ou du moins *raisonnable*, de ces faits acquis, de ces déductions accréditées ?

Il y a eu un *déluge* HISTORIQUE : tous les peuples l'attestent par leurs traditions ; donc, au point de vue de la critique historique, *c'est un fait !* Je ne veux pas laisser échapper une parole irritante, là où j'ai, Dieu merci, assez de faits purement *scientifiques* pour appuyer mon hypothèse, sans appeler à son secours des considérations d'un autre ordre ; et d'ailleurs, s'il est des savants qui ne veulent pas entendre parler du *déluge* sous l'épithète *mosaïque*, il en est qui trouvent fort rationnel de s'en occuper, pourvu qu'on le place sous la raison sociale Deucalion, Yao et Cie.......

Le déluge *historique*, donc, *est pour tous* UN FAIT (1) ! mais il n'est pas le seul dans l'histoire géologique du globe. Plusieurs *époques* ont eu le leur : il est donc d'une saine raison scientifique de penser qu'il a été marqué par *les caractères propres à son époque*. Il a été grand, puissant, universel, soit ! mais cela n'empêche pas qu'il n'ait conservé ces caractères essentiels. Et d'abord, il est de l'*époque actuelle*, puisqu'il y avait alors des hommes, et les conditions d'existence étaient les mêmes pour eux que pour nous. Les bouleversements antérieurs à notre époque avaient mis le globe en l'état où nous le voyons, et les grands phénomènes géologiques étaient au repos comme aujourd'hui. Les terrains tertiaires étaient complétés ; les volcans d'Auvergne eux-mêmes, les plus jeunes de ceux qui ne brûlent plus à l'extérieur, avaient clos la série de ces grandes convulsions Le *diluvium* (des géologues de l'école de Cuvier) avait, depuis plus ou moins longtemps, continué le creusement de nos primitives vallées à pentes douces, et le globe avait joui d'un repos qui n'avait pas encore permis la dislocation des volcans d'Auvergne, car nous ne trouvons aucun de leurs produits dans le dépôt que je regarde comme le vrai *diluvium*.

---

(1) D'après M. Élie de Beaumont, ce déluge historique aurait eu lieu à l'époque du soulèvement de la Cordillière des Andes.

13) Traces du Déluge historique dans la vallée de la Dordogne

Qu'on me pardonne d'introduire ici des désignations *locales !* L'unique but que je poursuis dans l'exposition de cette hypothèse, c'est de rechercher et de distinguer, d'une manière que la science puisse trouver acceptable, les traces que doit avoir laissées, dans la région que j'étudie, le *déluge historique.* C'est *un choix à faire* parmi nos terrains clysmiens et clastiques. Dès le début de cette étude, j'ai mis hors de cause le *diluvium* des géologues, parce qu'il ne contient pas de débris de roches volcaniques; c'est donc parmi les *alluvions* qu'il me reste à faire ce choix.

Le *premier lit* de la Dordogne aurait ainsi, selon moi, reçu le *diluvium géologique* qui subsiste encore sur nos plateaux et sur les parties hautes de leurs pentes.

Le *deuxième lit* de ce fleuve aurait reçu le dépôt du *déluge historique ;* — *alluvion très-ancienne* caractérisée par la présence de nombreux débris de roches ignées de l'Auvergne. C'est donc là, selon l'hypothèse que que je présente, qu'on *pourrait* rencontrer des produits de l'industrie humaine; et si la distinction établie entre le *diluvium* géologique et les *alluvions* est réelle, on ne pourrait trouver dans le deuxième lit, avec ces débris de l'industrie, que des débris d'animaux éteints *arrachés au premier lit* dans lequel ils auraient eu leur gisement *normal,* ou des débris d'animaux éteints aujourd'hui, mais qui ont pu coexister avec l'homme.

Le *troisième lit* (actuel) de la Dordogne, aurait eu son creusement commencé par l'écoulement des eaux du *déluge historique :* son alluvion, je l'ai déjà dit, se fait et se défait chaque jour dans le canal *monolithe* que le fleuve, successivement et si fortement réduit, creuse et aggrandit sans intermittence depuis quatre à cinq mille ans ; et en vérité, quand je considère les rigoles que creusent, dans nos ravins de craie, des filets d'eau qui ne fonctionnent que pendant les orages, et dont j'observe depuis trente ans les progrès, cet espace de quarante à cinquante siècles me semble bien suffisant, — les éboulements des falaises aidant, — pour amener ce canal monolithe à l'état où nous le voyons aujourd'hui charrier des roches de toute nature, y compris les roches ignées semblables à celles qui abondent dans le *deuxième* lit.

Il n'y a donc pas eu *changement d'époque géologique* entre ces deux étages dont l'ensemble forme encore une épaisseur d'une quinzaine ou

d'une vingtaine de mètres, selon les rétrécissements ou les élargisse-
ments locaux. Il y a eu au contraire un changement d'époque géologique
lors du dépôt du *diluvium géologique*, puisque celui-ci a mis fin à toutes celles qui l'ont précédé. Aussi, des caractères d'un ordre supérieur
le distinguent du *déluge historique*, et des caractères plus tranchés encore les distinguent tous deux des cataclysmes qui appartiennent aux
époques géologiques antérieures au vrai *diluvium*.

Le *diluvium*, allié ou non au phénomène *glaciaire*, n'a pas modifié
profondément la forme des continents, puisque son dépôt meuble existe
encore, dans son état primitif, à leur surface. C'est lui qui a établi et
inauguré le régime actuel, et les modifications les plus importantes qui
l'ont accompagné ont dû porter sur la climature, qui a eu pour suites
l'extinction de certaines espèces d'animaux et de plantes, la création
d'espèces nouvelles, enfin la création de l'homme.

Le *déluge historique*, venu plus tard, a trouvé les choses dans cet
état, et les y a laissées. Il n'a donc pas opéré de changements compara-
bles aux changements précédents. Il a été universel, les Livres saints et
et les traditions universelles des peuples s'accordent à le dire : mais,
malgré son étendue et sa violence, il a dû n'opérer qu'un *lavage* général
superficiel, et sa *gravité cataclysmique*, si j'ose employer cette expression,
a dû être bien au-dessous de celle des bouleversements géologiques, car
l'homme existait avant lui, et *l'homme existe encore*.

« Puisque vous avez osé, » me dira-t-on, « proposer un choix entre
» les diverses *alluvions* pour en rattacher une au *déluge historique*, pro-
» duisez vos preuves : montrez des ossements de mammifères éteints tirés
» des dépôts que vous attribuez au *diluvium*, et des produits de l'industrie
» humaine, extraits de ceux que vous attribuez au déluge *historique*. »

Je ne puis, malheureusement, faire ni l'un ni l'autre. J'ai déjà dit
que nous n'avons jamais trouvé *en place*, au-dessous de l'épaisseur du
sol arable, des silex *taillés*. J'ai vu une défense d'éléphant bien complète et encore partiellement engagée dans sa gangue de terre rougeâtre
et de menus caillonx ; elle a été brisée, et je n'en conserve plus que les
fragments ; elle a été trouvée à 6 ou 7 mètres de profondeur, en février
1840, dans la commune de Monsac. J'ai vu aussi une molaire d'éléphant, trouvée en Périgord *assurément*, mais je ne connais pas sa localité précise. En un mot, la permanence des restes du dépôt sur les
sommités, et l'absence des débris de roches ignées ont seuls déterminé
mon choix pour l'application du nom de *diluvium*.

Cependant, quelque affligé que je sois de ne pouvoir corroborer ce choix par les preuves matérielles auxquelles on est dans l'usage d'accorder le plus de confiance, je suis heureux du moins de trouver, dans les écrits d'hommes très-autorisés, l'expression d'une opinion absolument identique à la mienne sur l'inanité *scientifique* de toute cette fantasmagorie d'antiquité dont on s'efforce de parer l'espèce humaine.

14) Témoignage de quelques savants à l'appui des discussions ci-dessus.

Le savant auteur des *Habitations lacustres*, M. Frédéric Troyon, de Lausanne, écrivait en 1860 (page 14) : « Pour éviter toute méprise, il » est donc bien entendu que l'âge de la pierre, dont on retrouve les » restes dans les lacs et dans les tombeaux, est envisagé, dans ce tra- » vail, comme postérieur au déluge mentionné par Moïse. » — Plus loin (page 85), il rapproche des faits *lacustres* « quelques-unes des » découvertes remarquables faites par M. Boucher de Perthes . sur les » bords de la Somme. Telle est, dit-il, l'opinion de M. Ch. Petersen, » professeur à Hambourg, qui écrivait, le 27 octobre 1858 : On est sûr » de reconnaître les constructions sur pilotis dans les faits énigmatiques » des environs d'Amiens, où les bardeaux des toits étaient même conser- » vés, ainsi qu'un fragment de planche. »

Il est juste d'ajouter que cette dernière partie de la citation se rapporte à l'âge *celtique* de M. de Perthes, qui n'a jamais annoncé qu'il se trouvât encore des bardeaux et des planches dans ses bancs *antédiluviens ;* mais pour mettre hors de doute l'opinion de M. Troyon sur la nature *également postdiluvienne* des DEUX *étages* de M. de Perthes, il suffit de transcrire la phrase suivante des *Habitations lacustres* (p. 169) : « On a vu qu'une » partie des découvertes faites le long du lit de la Somme et surtout dans » les environs d'Abbeville, paraissent se rattacher à ce genre d'habitation, » mais on ne peut affirmer si l'usage de vivre sur les bassins d'eau de la » Picardie *s'est poursuivi dans la deuxième période* » (l'âge de bronze » de M. Troyon ; l'âge celtique de M. de Perthes).

Écoutons maintenant M. Lartet, au nom duquel ses brillantes découvertes ont donné, en France, un retentissement plus grand encore. Dans son mémoire sur la grotte d'Aurignac, lu à la Société Philomatique de Paris le 18 Mai 1861, la contemporanéité « de l'Homme et des Hyènes, » du grand Ours des cavernes, du Rhinocéros, de plusieurs autres

» espèces éteintes, si souvent qualifiées d'*antédiluviennes,* » est admise par lui comme résultant certainement des faits les plus évidents; et il n'y a nulle raison d'en douter pour des espèces si voisines des espèces actuellement vivantes, puisque nous savons que le *Cervus megaceros,* l'*Urus* et tant d'autres quadrupèdes, le *Dronte* et l'*Epiornis* de Madagascar, ont coexisté avec nous, puisqu'enfin le Renne habite encore les régions voisines du pôle. Cette extinction successive d'espèces paraît se continuer encore de nos jours, car il n'y a rien d'impossible à ce que la Genette qui est devenue si rare et les Vipères qui le sont encore trop peu en France, le Lion en Afrique, le Tigre de l'Inde et les Baleines de toutes les mers disparaissent à leur tour dans un petit nombre de siècles.

A cette citation du résultat le plus saillant de ses laborieuses investigations, j'ajoute deux extraits de lettres écrites par M. Lartet à M. de Gourgues, relativement au sujet que j'ai traité dans ce chapitre :

1° *12 Avril 1862.* — « Quant au *vernis* extérieur, signalé par M. de » Perthes comme caractéristique de l'ancienneté des silex taillés, je crois » qu'il dépend beaucoup de la composition minéralogique des couches » dans lesquelles les silex sont restés enfouis; comme une longue expo- » sition à l'alternance des divers agents atmosphériques donne également » aux silex exposés à la surface du sol, un vernis particulier. M. de » Perthes lui-même vient de trouver dans la craie broyée qui forme la » base des *bancs* qu'il appelle *diluviens* d'Abbeville, des silex, suivant » lui les plus anciens, et dont la couleur n'est nullement altérée, non » plus que la vivacité des angles que présentent les facettes de cassure, » à telles enseignes que l'on croirait qu'ils viennent d'être taillés tout » fraîchement...........

« .... Lorsque je suis allé à Saint-Acheul, il y a trois ans, j'ai cru » m'apercevoir que l'altération et le vernis prétendu caractéristique se » montraient surtout dans les silex provenant d'une assise composée de » graviers et de sables *ferrugineux* et roussâtres. »

Cette dernière observation du célèbre géologue vient parfaitement à l'appui de l'attribution que je crois pouvoir faire à l'action du fer, de l'aspect (fort différent de celui des silex taillés, mais aussi *vernissé* et et brillant au soleil) en quelque sorte *gras* qu'offrent les silex dits *résinoïdes,* que nous trouvons dans le dépôt clysmien auquel j'applique le nom de *vrai diluvium,* et qui provenant originairement de nos meulières et de divers étages de la craie, ont passé par la molasse où sont nos gisements ferrifères.

2° *28 Avril 1862*. — « Les silex du *diluvium* d'Angleterre ne s'y sont » trouvés qu'en petit nombre jusqu'à ce jour. C'est à la *surface* seule- » ment que l'on y recueille des armes en pierre, le plus souvent sous » forme de tête de lance et de flèche.........

« .... Une hache en silex taillé a été recueillie en 1797, par » M. Frère, à Hoxne en Suffolk, dans un gisement où elle était associée » à des débris d'Éléphant et d'autres grands mammifères. »

Enfin, je ne puis mieux clore cette série de témoignages imposants, qu'en transcrivant une phrase insérée par M. Hébert dans ses *Nouvelles observations relatives à la période quaternaire*. (*Bull. de la Soc. géolog. de Fr.*, 2ᵉ sér., t. XXI, p. 181). L'éminent professeur s'exprime ainsi :

« Le fait de l'existence d'un dépôt diluvien général *(sic)* postérieur au » dépôt des vallées à ossements d'Éléphants, ce fait établi par M. d'Ar- » chiac, confirmé par les observations de M. de Sénarmont, de Graves, » de M. Buteux, etc., me paraît conforme à la vérité et tout-à-fait » inattaquable. »

SOMMAIRE

DES DIVISIONS DU MÉMOIRE

Les *clichés* intercalés dans le texte sont faits à l'aide de l'ingénieux procédé de la gravure *galvanotypique*, découvert et mis en pratique (jusqu'ici à Bordeaux seulement) par MM. Merget, actuellement professeur à la Faculté des Sciences de Lyon, et Gagnebin

La lithographie placée en regard de la page 47, est due au crayon délicat de M. Lackerbauer, peintre d'histoire naturelle à Paris, qui a déjà plusieurs fois enrichi notre Recueil de planches justement remarquées. Cette lithographie représente la moitié *la plus riche* du bloc et un moule interne, vu sous trois aspects, de *Faujasia Faujasii*. Elle a été exécutée d'après une réduction photographique *au tiers*, obtenue par un habile artiste bordelais, M. Poirier.

Bordeaux. — Imp. de F. Degreteau et Cie.